KB263181

케이트 리드

LUNE

현익출판

룬 크루아상 레시피북

사진 | 피트 딜런

목차

첫 직업은 제빵사가 아니었고, 작가는 더더욱 아니었다. 이번 기회를 통해 2012년 룬_{Lune} 설립 이래 메뉴에 올랐던 여러 훌륭한 페이스트리를 회상하며, 경이로운 룬의 역사에서 그 페이스트리들이 차지했던 특별한 순간들을 다시금 떠올릴 수 있었다.

우리 집 벽에 걸려 있는 학위증 액자는 내가 항공 우주 공학자라는 사실을 떠올리게 한다. 이 학위는 한때 내게 매우 중요하고 특별했다. 오랫동안 포뮬러 원_{F1}에서 일하기를 꿈꿨는데, 13살 때 아버지가 데려가 주신 호주 그랑프리에서 느꼈던 경주용 자동차들의 속도와 소리, 공기를 찢는 듯한 V10 엔진의 굉음이 아직도 생생히 기억난다. 그런 경험은 처음이었다. 그 획기적인 기술의 세계 안으로 들어가고 싶었다. 위험하지만 그에 걸맞은 보상이 따르는 일이었다. 단순히 그 세계 안에 들어가기만 하는 것이 아니라 그 세계의 일부가 되고, 더 나아가 중요한 역할을 하고 싶었다.

장벽은 높았지만 포기하지 않고 맞섰고 결국 해냈다. 로열 멜버른 공과대학교에서 항공 우주 공학 학위를 따기 위해 5년 동안 열심히 공부하면서 공기 역학의 매력과 그에 대한 적성을 발견했고, 결국 전설적인 윌리엄스 F1 팀에 들어가게 되었다. 23살의 젊은 나이에 인생의 한 페이지를 마무리 짓고 F1이라는 세계에서 엔지니어로서의 삶을 시작했다.

이때 당시에는 내가 멀리 돌아가는, 그러나 꼭 필요한 우회로를 선택했다는 사실을 몰랐다. 분석적이고 과정 중심으로 문제를 해결해 나가는 나의 사고방식은 전혀 다른 분야에 적합했다. 내게 F1에 대한 열정이 없었더라면, 장담컨대 룬은 지금의 룬이 아니었을 것이다. 정밀성과 혁신은 룬의 기본 정신이다. 그 핵심에는 끊임없이 완벽을 추구하는 데 있다. 매일 지속적인 교육과 실험을 통해 앞으로 나아가는 것이 우리를 움직이는 동력이다. 우리는 룬 크루아상 F1 팀이다.

케이트 리드

이 책을 릴리에게 바친다.

서문

뒤 팽 에 데지데Du Pain et des Idées에서 인턴으로 일하기 전까지는 한 번도 크루아상을 만들어 본 적이 없었다. 크루아상을 만드는 최초의 경험을 파리의 아주 유명한 베이커리 중 하나에서 하게 된 것이다. 멜버른으로 돌아온 뒤, 뒤 팽 에 데지데에서 배운 내용을 적용해 집에서 크루아상을 만들려고 시도해 보았다. 두 번에 걸친 시도는 모두 엄청난 좌절감을 주었고, 그 결과물은 성공적이지도 않았다. 파리에서 배운 것을 일반 가정의 주방에서 구현하기란 어려워 보였다.

이 두 번의 시도 이후 오로지 크루아상만 만드는 베이커리를 열겠다는 결정을 내렸다. 먼저 반죽기, 파이 롤러, 발효기를 구매했다. 일단 베이커리를 시작했는데 다음 단계로 무엇을 해야 할지 모르겠다는 무서운 현실을 깨닫고 작업대에서 갓 만든 반죽 앞에 서 있던 그날이 생생히 기억난다. 뒤 팽 에 데지데에서 인턴으로 일하면서 배운 것은 크루아상 제조 과정의 10~20% 밖에 되지 않을 것이다. 내 지식의 빈틈은 그냥 구멍 정도가 아니라 깊은 협곡이었다. 그러나 나는 이미 가게 임대 계약을 하고 평생 모은 돈을 쏟아부어 도구와 장비를 구입했으며 직장까지 그만둔 터였다. 따라서 선택지는 하나밖에 없었다. 혼자서 그 협곡을 메우는 것이었다. 그렇게 크루아상을 역설계하는 3개월의 과정이 시작되었고, 결국 그동안 내가 접했던 크루아상과는 전혀 다른 방법을 찾아냈다. 바로 룬 크루아상의 탄생이었다.

이 책을 쓰기로 계약했을 때 처음에는 기본 크루아상 레시피는 간단할 것으로 생각했다. 룬에서 크루아상을 거의 10년 동안 만들어 왔으므로 가정용 크루아상 레시피를 충분히 쓸 수 있다고 생각했기 때문이다. 먼저 룬의 셰프들에게 여분의 반죽을 만들어 달라고 부탁했다. 집에서 라미네이션Lamination 과정을 시험해 볼 참이었는데, 여기서 매장과 가장 큰 차이점은 파이 롤러가 아니라 밀대를 사용한다는 점이었다. 이에 뒤따른 것은 오랜 시간에 걸친 좌절, 끝없는 테스트 그리고 내게 정말 이 레시피를 완성할 수 있는 역량이 있는 것일까 자문하게 되는 자기 회의의 순간들이었다. 시계를 10년 전으로 돌려 모든 도구와 장비는 갖췄지만 10%의 지식만 있었던 상태로 되돌아간 기분이었다. 왜 안 되는 걸까?

그러나 만약 이 문제를 일단 해결하면, 즉 나의 공학적 접근 방식을 사용해 읽고 연구하고 지식을 쌓아 테스트하고 실험해 본다면, 역사를 반복할 수 있을지도 몰랐다. 집에서 크루아상을 만들었던 수많은 시도와 그 과정이 얼마나 어려웠는지를 다시 떠올려 보았다. 그때는 제대로 잘하고 있는 건지 늘 확신이 들지 않았었다. 반죽의 느낌은 이상했고, 다루기가 어려웠다. 레시피에는 세부 사항이 너무 부족해서 방법을 제대로 따르고 있는 건지 아니면 큰일 날 정도로 빗나간 상태인지 판단할 수 있는 기준이 없었다. 그 기분을 떠올리면서 집에서도 성공할 가능성을 열어 주는 레시피, 즉 어려움과 좌절감을 느낄 수 있다는 것을 알려 주되 독자가 각 단계를 도전적으로 헤쳐 나갈 수 있도록 친절하게 안내하는 레시피를 쓰기로 다짐했다.

마침내 룬의 크루아상 레시피를 가져다가 단순히 라미네이션 과정만 가정용으로 바꿀 수 없다는 사실을 깨달았다. 반죽 자체를 완전히 바꿔야 했다.

이 책에서 공유하는 크루아상 제조법은 정통 프랑스식 기법이 아니다. 룬에서 크루아상을 만드는 방법도 아니다. 여기에는 시간, 준비, 인내심 그리고 안내된 과정을 따르겠다는 의지가 요구된다. 앞으로 단계별로 자세히 서술할 레시피는 매우 독창적이며, 장담컨대 아주 훌륭한 결과물을 만들어 낼 것이다.

재료에 관하여

앞으로 소개할 레시피에는 다양한 재료가 사용된다. 먼저 주요 재료에 관해서 설명하고자 한다.
모든 크루아상이 다 똑같이 만들어지지 않으며, 이는 재료의 선택에서부터 시작된다.

밀가루

룬에서는 라우키 유로 밀가루Laucke Euro flour를 사용해 크루아상을 만든다. 이 밀가루는
비에누아즈리Viennoiserie에 특화된 제품이다.

상호 보완적인 밀 품종들을 독자적인 비율로 혼합한 라우키의 유로 밀가루는 균형 잡힌
반죽을 만들어 낸다. 크루아상을 만들 때 가장 중요한 것은 단백질 함량과 회분율(밀가루를 태운
후 남은 재의 비율)이다. 라우키 유로 밀가루의 단백질 함량은 12.3%, 회분율은 0.5~0.55%다.

크루아상 반죽 레시피에 적합한 밀가루를 구할 때 어려운 점은 밀가루를 규정할 수 있는
국제적으로 합의된 표준이 없다는 점이다. 그러므로 만약 룬 크루아상 레시피를 따를 예정이라면
고품질의 제빵용 강력분, 보다 구체적으로는 장기 발효 밀가루나 비에누아즈리용 밀가루를
구하는 것이 좋다. 포장지에 밀가루의 성분이 기재되어 있다면 단백질 함량은 11.5% 이상인지,
회분율은 0.48~0.58% 범위 안에 있는지 확인한다.

호주에서는 슈퍼마켓에서 쉽게 구할 수 있는 라우키 왈라비 밀가루Laucke Wallaby flour를
사용하면 된다. 다른 지역의 경우, 아래의 제분 회사에서 고품질의 밀가루를 생산하므로 적절한
대체 밀가루를 찾아볼 수 있다.

- 영국: 십튼 밀Shipton Mill (shipton-mill.com)
- 미국: 센트럴 밀링Central Milling (centralmilling.com)
- 독일: 크라머 뮐레Cramer Muehle (cramermuehle.de)
- 스위스: 그뤼닝거 뮐렌Grueninger Muehlen (grueningermuehlen.ch)
- 일본: 마스다 제분소Masufun Flour Mill (masufun.co.jp)

| 버터 | 버터에 관해서라면 책 한 권을 쓸 수도 있다. 하지만 여기서는 꼭 필요한 내용만 짧게 서술하려고 한다. 구할 수 있는 최고 품질의 버터를 구매하라. |

버터

버터에 관해서라면 책 한 권을 쓸 수도 있다. 하지만 여기서는 꼭 필요한 내용만 짧게 서술하려고 한다. 구할 수 있는 최고 품질의 버터를 구매하라.

크루아상은 다른 무엇보다도 크루아상에 사용된 버터가 그대로 드러나는 페이스트리다. 크루아상을 만드는 과정에는 최소한 사흘이 소요되므로, 이를 참고하여 좋은 버터를 구해야 한다.

크루아상 레시피에서는 버터를 두 단계로 사용한다. 반죽에는 정제 버터가 들어가고, 반죽에 층을 만들기 위한 라미네이션 과정에 들어가는 버터가 있다.

두 가지 용도 모두 지방 함량이 82% 이상인 유기농 발효 버터를 사용한다. 발효 버터는 일반 버터보다 더 복합적인 풍미를 지녔으며, 크림을 발효시키기 위해 첨가한 미생물에서 느껴지는 산미가 있다. 발효 과정을 통해 버터에는 견과류의 고소한 맛, 때로는 자연스러운 단맛까지도 생겨난다. 또한 발효 버터는 일반 버터에 비해 녹는점이 약간 높으며, 이는 라미네이션 과정에 매우 도움이 된다.

버터가 들어가는 기타 레시피에는 일반 무염 버터를 사용해도 충분하다.

정제 버터

많은 레시피에서 정제 버터를 사용하기 때문에, 정제 버터에 관한 간단한 설명과 만드는 법을 소개한다.

정제 버터는 버터에서 우유 고형분과 수분을 분리해 낸 순수 유지방이다. 수분이 증발하고 우유 고형분이 분리되어 냄비 바닥에 가라앉을 때까지 버터를 녹이고 끓여서 만든다.

버터를 정제하려면 먼저 냄비에 버터를 넣고 중불에 녹인 후 살짝 끓인다. 거품은 우유 단백질로 구성되어 있기 때문에, 표면에 거품이 생기기 시작하면 우유 단백질이 유지방에서 분리되고 있다는 뜻이다. 거품이 사라지고 기포가 나타나는 속도가 느려질 때까지 약하게 끓인다. 기포의 속도가 느려지는 것은 수분이 증발했다는 의미다. 냄비 바닥에 탄 우유 고형분이 가라앉을 것이다. 정제된 버터를 천을 깔아 둔 체에 밭쳐 유지방과 우유 고형분을 분리한다. 만약 천이 없다면 드립 커피의 커피 필터를 사용할 수도 있다. 걸러 낸 순수 유지방은 보관하고 탄 우유 고형물은 버린다.

버터를 정제하면 본래 분량의 25% 정도가 줄어들므로, 레시피에 특정 분량의 정제 버터를 사용하도록 기재되어 있다면 해당 숫자를 0.75로 나눈 양의 버터를 정제하면 된다.

크루아상을 만들기 전에 미리 버터를 정제했다면, 걸러 낸 유지방을 살짝 식힌 후 아직 액체 상태일 때 반죽에 필요한 정확한 양을 계량해서 내열 용기에 담아서 다시 굳힌다. 그리고 사용하기 전까지 냉장 보관하면 된다.

브라운 버터

브라운 버터는 정제 버터를 더 오래 끓인 것으로, 캐러멜화된 우유 고형분으로 인해 유지방이 갈색빛을 띤다. 브라운 버터를 사용한 레시피의 경우, 위의 정제 버터 만드는 법을 따르되 색이 더 진해진 후에 불에서 내려 거른다. 프랑스어로 뵈르 누아제트beurre noisette라고 불리는 브라운 버터에는 토스트와 견과류에서 느낄 수 있는 진하고 고소한 풍미가 있다.

달걀

모든 레시피의 달걀은 대란을 의미한다. 대란 한 알은 껍질을 포함해 약 55g이다. 껍질을 제외하면 약 50g이며, 노른자가 20g, 흰자가 30g을 차지한다. 가능하면 유기농 자연방사란을 사용하도록 한다.

| **우유** | 모든 레시피의 우유는 지방을 제거하지 않은 전지 우유만을 사용한다. |

이스트

크루아상 반죽 레시피에는 생이스트가 사용된다. 생이스트의 유통 기한은 보통 제조일로부터 4주로 표기되어 있다. 룬에서는 유통 기한이 3주 이하로 남은 이스트는 사용하지 않는다.

이스트는 크루아상을 생산할 때 사용되는 재료 중 가장 저렴하지만, 이스트 활성화 수준의 불가측성과 변동성은 최종 결과물에 가장 큰 악영향을 미칠 수 있으며, 이는 셋째 날 반죽을 굽기 전까지는 거의 발견할 수 없다.

따라서 믿을 수 있는 공급처에서 이스트를 구하도록 한다. 베이킹 재료 전문점에는 좋은 이스트를 갖춘 경우가 많다. 구매하려는 이스트의 유통 기한을 확인하고, 밝은 베이지색을 띠고 건조하고 잘 부스러지는 질감의 이스트를 구매한다.

스틱 초콜릿

제대로 된 바통 불랑제bâtons boulanger, 즉 스틱 초콜릿을 구할 수 있다면 이미 팽 오 쇼콜라를 굽기에 적합한 길이와 무게의 초콜릿이 준비되었다. 스틱 초콜릿을 구할 수 없더라도 걱정하지 마라. 어떤 세미스위트 초콜릿이든 사용 가능하다. 약간 씁쓸한 다크 초콜릿의 풍미를 내기 위해서는 카카오 함량이 44% 이상인 초콜릿을 추천한다. 버터가 들어간 페이스트리 반죽과 아주 잘 어울린다.

젤라틴

젤라틴은 응고 강도에 따라 티타늄, 브론즈, 실버, 골드, 플래티넘 등급으로 나뉜다. 젤라틴이 들어가는 모든 레시피에서는 골드 강도의 판 젤라틴을 사용한다. 판 젤라틴은 찬물에 최대 10분 동안 담가 부드러워질 때까지 불린다. 젤라틴에 남아있는 물을 조심스럽게 짜낸 후 응고시키고자 하는 따뜻한 액체에 젤라틴을 첨가한다.

바닐라

이 책의 레시피에서는 다양한 형태의 바닐라를 사용하지만, 가지고 있는 다른 바닐라 종류로 대체해도 좋다.

바닐라 꼬투리에서 나온 1개의 씨

=

바닐라 빈 페이스트 1테이블스푼

=

바닐라 익스트랙트 1테이블스푼

최종 결과물에 바닐라 크렘 파티시에르와 같은 바닐라 씨가 드러나는 것들을 만든다면 바닐라 꼬투리에서 긁어낸 씨나 바닐라 빈 페이스트를 추천한다. 그러나 솔티드 초콜릿 칩 쿠키와 같은 경우에는 바닐라 씨의 시각적 효과가 중요하지 않고 바닐라의 향만 나도 충분하므로 바닐라 익스트랙트로 충분하다.

바닐라 꼬투리는 지퍼백이나 밀폐 용기에 넣어 냉장 보관한다. 씨를 긁어내고 남은 꼬투리를 버리지 마라. 식재료를 졸이는 물에 넣거나 설탕에 바닐라의 향과 맛을 입히는 데 사용할 수 있다.

도구에 관하여

홈베이킹을 자주 하는 사람들은 이미 주방에 크루아상을 만드는 데 필요한 모든 도구를 가지고 있을 것이다. 기본적으로 꼭 필요한 도구는 스탠드 믹서, 밀대, 자 그리고 잘 드는 칼이다. 다음에 소개하는 도구들은 작업을 훨씬 수월하게 해 줄 것이다. 이미 가지고 있다면 모든 준비는 끝났다.

주방용 디지털 저울

룬에서는 모든 재료를 1g 단위로 정확하게 계량한다. 어떤 사람들에게는 과하게 느껴질 수도 있겠지만, 지름길로 가려고 하면 위태로운 상황을 만나게 되어 실수할 확률이 높아진다.
베이킹은 음식을 만드는 일이기도 하지만 과학이기도 하다는 사실을 명심해야 한다.
결과물을 의도대로 만들어내기 위해서는 재료의 비율이 매우 중요하다.

베이킹뿐만 아니라 삶 속에서도 무언가를 하려고 할 때는 능력이 허락하는 한 최선을 다해야 한다는 것이 나의 철학이다. 홈베이킹에 진심이라면 영점 기능이 탑재되어 있고 1g 단위로 측정할 수 있는 디지털 저울 세트를 구매하기를 강력히 추천한다. 커피를 좋아하는 사람이라면 보통 0.1g 단위로 측정할 수 있는 에스프레소 저울을 이미 가지고 있을 것이다. 에스프레소 저울은 향신료, 젤라틴, 베이킹파우더나 베이킹소다와 같은 팽창제를 계량할 때 특히 유용하다.

스탠드 믹서

스탠드 믹서는 이 책에 소개된 레시피에서 사용되는 필수적인 주방 도구다. 스탠드 믹서에는 다음의 액세서리가 포함되어 있어야 한다.

- 플랫 비터flat beater: 볼 옆에 붙어 있는 반죽까지 남김없이 긁어서 섞어 준다.
- 휘스크whisk: 거품기라고도 불리고, 휘핑으로 머랭과 크림 등을 만들 수 있다.
- 도우 훅dough hook: 갈고리 모양으로 생겼으며, 밀도 있는 반죽을 만들어 준다.

2009년 생일날 부모님으로부터 키친에이드KitchenAid 스탠드 믹서를 선물 받았다. 이 믹서는 룬에서 반죽을 하느라 매일 혹사당한 2년을 포함해 13년을 사용했지만 아직도 잘 작동하고 있다. 아직 스탠드 믹서를 구매하기 전이라면 키친에이드 제품을 강력히 추천한다.

밀대

이 책을 막 쓰기 시작했을 때, 룬의 헤드 셰프인 클로이는 밀대와 관련해 매우 훌륭한 조언을 해 주었다. 단순한 것이 최고라는 것이다. 크루아상 반죽을 라미네이션 하는 용도로는 지름이 일정하고 곧은 나무 밀대를 추천한다. 반죽을 밀 때 압력을 고르고 일정하게 가할 수 있기 때문이다. 양쪽 끝으로 갈수록 가늘어지는 프랑스식 밀대도 사용할 수 있다. 룬의 크루아상 레시피는 반죽의 분량이 적으므로 작은 밀대를 사용하면 반죽을 다루기가 더 수월할 것이다. 작은 밀대가 사용하기에도 더 쉽다.

밀대의 소재가 원목이라면 물에 담그지 않고 젖은 천으로만 닦는다. 나무가 물을 흡수하면 밀대가 뒤틀리기 때문이다.

칼과 기타 날카로운 도구들

크루아상을 만들기 위해서는 여러 가지 날카로운 도구가 필요하다.

- 과도: 반죽에서 자르려는 여러 가지 모양을 표시할 때 꼭 필요하다.
- 식도: 반죽에서 여러 가지 모양을 자르려면 날이 잘 드는 큰 칼이 필요하다.
- 피자 휠: 룬에서 사용하는 방식으로, 피자 휠로도 반죽을 여러 모양으로 자를 수 있다.
- 톱니 모양의 빵칼: 두 번 굽는 크루아상을 만들 때 필요하다.

자

반죽을 라미네이션할 때, 반죽에 자를 부분을 표시하거나 자를 때 40cm 이상의 자가 필요하다. 라미네이션 과정에서는 줄자가 있어도 유용하다.

| **페이스트리 브러시** | 페이스트리 브러시는 종류가 다양하다. 발효된 반죽에 달걀물을 바르기 좋은 페이스트리 브러시를 사용해야 한다. 붓 머리가 넓고 납작하며 모가 부드러운 페이스트리 브러시가 이상적이다. 룬에서는 붓 머리의 너비가 약 4cm, 모의 길이가 약 3cm인 브러시를 사용한다. 이 사이즈는 붓질을 할 때마다 달걀물을 충분히 바를 수 있게 해 주고, 부드러운 모는 발효된 반죽의 연약한 표면에 주는 손상을 최소화한다. 손상을 주지 않으려면 부드럽게 붓질해야 한다는 점도 기억하자. |

페이스트리 브러시는 종류가 다양하다. 발효된 반죽에 달걀물을 바르기 좋은 페이스트리 브러시를 사용해야 한다. 붓 머리가 넓고 납작하며 모가 부드러운 페이스트리 브러시가 이상적이다. 룬에서는 붓 머리의 너비가 약 4cm, 모의 길이가 약 3cm인 브러시를 사용한다. 이 사이즈는 붓질을 할 때마다 달걀물을 충분히 바를 수 있게 해 주고, 부드러운 모는 발효된 반죽의 연약한 표면에 주는 손상을 최소화한다. 손상을 주지 않으려면 부드럽게 붓질해야 한다는 점도 기억하자.

가능하면 플라스틱이나 실리콘이 아닌 천연 섬유로 만든 브러시를 구한다. 천연 섬유는 달걀물을 잘 머금고 있으므로 달걀물이 모에서 흘러 반죽 옆에 고일 위험이 적다. 달걀물이 고이면 페이스트리 바닥 주변에 이른바 '탄 오믈렛' 자국이 생긴다.

페이스트리 브러시 관리법은 간단하다. 사용 후, 세제나 뜨거운 물로 세척하기 전에 먼저 붓에 남은 달걀을 찬물로 잘 씻어내야 한다. 처음부터 뜨거운 물로 붓을 씻어내면 달걀이 익어서 모에 남게 된다.

오프셋 스패출러

두 가지 사이즈의 오프셋 스패출러(L자 형태로 꺾인 스패출러)를 구비해 둘 것을 추천한다. 날이 약 10cm 정도의 작은 스패출러는 달팽이 모양의 페이스트리인 에스카르고에 커스터드나 필링을 펴 바르는 등의 세밀한 작업에 적합하다. 날이 약 20cm정도의 큰 스패출러는 갓 구운 페이스트리를 들어 올리거나 퀸아망을 굽는 도중에 뒤집을 때 유용하다.

체

마른 재료를 체로 치는 목적 외에도, 살짝 덩어리가 진 커스터드 크림을 걸러 커스터드를 되살리는 데 사용할 수 있다. 가볍고 폭신한 매시트포테이토mashed potato를 만들 때도 체를 사용한다.

짤주머니

이 책의 많은 레시피에서 짤주머니를 사용하며, 두 종류의 짤주머니가 사용된다.

- 대형의 다회용 짤주머니는 깍지를 끼워서 사용하고 상당히 뻑뻑한 밀도의 프랑지판을 짤 때 유용하다. 짤주머니로 옮겨 담은 후에는 깍지로 흘러나오지 않는다.
- 소형의 일회용 짤주머니는 깍지가 필요하지 않으며, 액체에 가까운 밀도의 필링과 가니시를 짤 때, 혹은 사용 전까지 짤주머니의 입구를 막아 놓아야 할 때 적합하다. 또한 짤주머니의 구멍 크기를 더 자유롭게 조절할 수 있다. 일회용 짤주머니는 마트의 케이크 장식 매대나 베이킹 재료 전문점에서 구할 수 있다.

틀과 기타 중요한 도구들

베이킹을 할 때는 식힘망을 한두 개 갖춰 두면 도움이 된다.

에스카르고는 지름 11cm짜리 원형 스프링폼 틀(옆면이 분리되는 틀)을 사용한다. 이 틀을 몇 개 구해두기를 강력히 추천한다. 에스카르고 레시피는 정말 시도해 볼 만한 가치가 있기 때문이다. 대부분의 제과제빵 기구 제조사에서 해당 사이즈의 스프링폼 틀을 생산하고 있다.

크러핀은 바닥이 분리되는 디저트 팬에 유지를 바르고 유산지를 깐 후, 반죽을 그 안에서 발효하고 굽는다. 이렇게 하면 반죽이 팬의 옆면에 들러붙지 않고, 구운 후에 팬에서 빼내기도 쉽다. 디저트 팬이 없다면 머핀 틀을 사용할 수도 있지만, 머핀 틀은 바닥으로 갈수록 좁아지므로 결과물의 모양이 달라진다는 점을 기억해야 한다.

6cm짜리 정사각형 실리콘 몰드 또한 준비해 두면 좋다. 블라인드 베이킹을 하는 모든 데니시 레시피에서는 이 몰드가 사용되기 때문이다. 이 실리콘 몰드 또한 베이킹 재료 전문점이나 인터넷에서 비교적 쉽게 구할 수 있다.

페이스트리 반죽

첫째 날: 오전

풀리시

첫째 날: 오후

크루아상 반죽

둘째 날: 오전

라미네이션

셋째 날

굽기

풀리시

풀리시는 빵이나 발효 페이스트리를 만들 때 사용하는 액체 형태의 발효된 밑반죽의 한 종류다. 룬에서는 풀리시를 따로 만들지 않지만, 이 책의 레시피에서는 풀리시가 필요하다. 도우 시터(파이 롤러)를 사용해 라미네이션을 하면 밀대를 사용해 손으로 작업할 때보다 훨씬 부드럽게 반죽을 다룰 수 있다. 이 레시피에서 풀리시를 사용하는 주된 목적은 반죽의 신장성 혹은 신축성을 높여 기본적으로 반죽을 손으로 밀기 더 쉽게 만들기 위해서이다. 또한 최종 결과물의 복합적인 풍미를 높이는 이점도 있다. 이를 통해 배가된 구수함과 산미는 잘 구운 사워도우의 은근하고도 기분 좋은 신맛과도 비슷하다.

우유	300 g
물	70 g
생이스트	2 g
밀가루	370 g

1 우유와 물을 작은 냄비에 붓고 약불에 올려 우유의 냉기가 가시게 한다. 우유를 뜨겁게 가열해서는 안 되며, 실온 정도로 데운다. 손가락으로 온도를 확인해 본다. 우유가 차갑거나 따뜻하지 않고 피부와 비슷한 온도로 느껴져야 한다. 해당 온도에 도달하면 즉시 냄비를 불에서 내린다.

2 생이스트를 우유와 물 혼합물에 부스러뜨려 넣고 완전히 녹도록 젓는다.

3 우유, 물, 이스트 혼합물을 도우 훅을 끼운 스탠드 믹서 볼에 붓고 밀가루를 넣는다.

4 저속으로 2분간 반죽한다. 반죽은 걸쭉하고 거친 팬케이크 반죽과 같은 모습이 된다. 덜 섞인 밀가루 덩어리가 없어야 한다. 볼을 랩으로 덮어 21℃의 실온에 5시간 이상 둔다.

5 이제 풀리시의 부피가 매우 커지고 표면에는 작은 기포들이 생긴다. 일반적인 4.8L짜리 키친에이드 스탠드 믹서의 볼을 사용한 경우, 반죽은 볼의 절반 정도까지 부풀어 오른다.

6 물론 풀리시가 과발효될 수도 있다. 최대한의 크기까지 부풀어 오른 풀리시는 볼의 옆면에 자국을 남기며 꺼지기 시작한다. 풀리시가 더 이상 반구형의 형태를 유지하지 않고 말 그대로 가라앉기 시작하면 사용할 준비가 된 것이다. 풀리시가 너무 많이 가라앉았다면 처음부터 다시 시작해야 한다.

7 풀리시를 발효시키는 공간의 온도가 21℃보다 높은 경우, 이 과정의 소요 시간이 5시간보다 짧을 수도 있다는 점을 주의해야 한다. 마찬가지로, 온도가 21℃보다 낮다면 시간이 더 오래 걸릴 수 있다. 보통 18℃ 내외라면, 풀리시가 완성되기까지 7~8시간이 걸린다. 그러므로 발효 후 5시간째가 되는 시점이 다가오면 풀리시를 잘 관찰하기를 권한다.

TIP 재료를 가장 정확하게 계량하는 방법은 영점 기능이 있는 디지털 저울을 사용하는 것이다. 즉 저울에 믹싱볼을 놓고 영점 기능으로 용기의 중량을 제외해 저울에 0이 표시되도록 한 후, 재료를 계량하면 된다.

크루아상 반죽

풀리시가 완성되었다면 이제 크루아상 반죽을 만들 차례다.

생이스트	54g
물	100g
밀가루	865g
정제 설탕(매우 고운 것)	155g
소금	26g
달걀	100g
정제 버터	100g

1 크루아상 반죽을 만들 때 정제 버터는 반드시 따뜻한 액체 상태여야 한다. 버터를 미리 정제해 냉장고에 보관한 경우, 버터를 냄비에 넣어 약한 불에 다시 녹이되 버터를 데우기만 하고 끓이지 않도록 주의한다. 반죽하기 직전에 버터를 정제하는 경우, 버터를 따뜻하게 유지하기 위해서는 다른 재료를 계량하기 전에 먼저 냄비에 정확한 분량의 정제 버터를 거르고 계량해 두는 편이 좋으므로, 버터 정제 작업을 첫 번째로 하도록 한다. 버터를 정제하는 법은 10페이지를 참고한다.

2 믹싱볼에 생이스트를 손가락으로 최대한 부스러뜨려 물에 넣고 진흙 같은 색의 균질한 액체가 될 때까지 저어 섞는다.

3 스탠드 믹서 볼을 디지털 저울 위에 놓는다. 물과 이스트 혼합물을 풀리시에 붓고 저울의 영점을 맞춘다. 이제 밀가루, 설탕, 소금, 달걀을 넣는다.

4 스탠드 믹서에 도우 훅을 끼우고 저속으로 2분간 섞는다. 반죽은 아직 덩어리가 있고 날가루가 약간 보이는 상태다. 이 단계의 반죽이 끝나면 볼의 옆면을 잘 긁어내리고 다시 믹서를 저속으로 가동한다. 정제 버터를 총 2분에 걸쳐 천천히 붓는다. 버터를 다 넣고 나면 믹서의 속도를 중속으로 올려 2분간 섞는다. 이 단계에서 중속으로 2분간 더 반죽하면 믹서로 반죽을 완성할 수 있다. 그러나 반죽의 마무리는 수작업으로 하기를 추천한다. 손으로 반죽의 느낌을 확인하며 반죽의 완성 여부를 더 잘 알 수 있기 때문이다.

5 수작업으로 반죽을 마무리한다면, 깨끗한 작업대 위에 볼을 기울여 반죽을 쏟아 놓고 반죽이 매끄럽고 균질해질 때까지 추가로 4~5분간 더 반죽한다. 이제 반죽을 길쭉하고 둥근 덩어리 모양으로 잘 성형한다. 반죽 표면이 팽팽해지도록 반죽을 조심스럽게 잡아당겨 안으로 집어넣고, 이음매나 갈라진 부분은 덩어리의 아래쪽으로 가도록 마무리한다. 유산지를 깐 직사각형 틀에 반죽을 넣고 랩으로 잘 덮어 최대한 밀폐하도록 한다. 반죽이 조금이라도 공기에 노출되면 그 부분은 말라서 딱딱해지기 때문이다. 그리고 바로 냉장고에 넣는다. 하룻밤 동안 반죽은 냉장고에서 오랜 시간에 걸쳐 천천히 저온 발효 과정을 거친다. 반죽에 특유의 훌륭하고 복합적인 풍미가 생겨나는 순간이 바로 이때다.

TIP 반죽 덩어리보다 약간 더 큰 틀을 선택하는 것이 좋다. 반죽과 틀의 각 면 사이에 2~3cm의 간격을 둔다. 그러면 반죽이 부풀면서 자연스럽게 직사각형 모양이 되고 이후 단계를 수월하게 진행할 수 있다.

층 만들기

대부분의 레시피에서는 집에서 크루아상을 만들기가 얼마나 어려운지를 말해주지 않는다. 룬에서는 파이 롤러(도우 시터)라는 장비가 모든 고강도의 노동을 대신한다. 파이 롤러는 기본적으로 거대한 밀대 두 개로 이루어져 있으며, 밀대 사이의 거리는 기계적으로 조절할 수 있다. 밀대 사이의 거리를 천천히 좁혀서 페이스트리 반죽을 부드럽고 점점 더 얇게 밀 수 있다. 사실 파이 롤러가 없다면 선명한 층을 만드는 것은 정말 힘든 작업이다. 밀대를 사용해서 손으로 작업을 할 때는 반죽에 힘을 가해 글루텐을 형성해야 한다. 글루텐이 많아질수록 반죽은 다시 제자리로 돌아오려는 성질이 강해지고, 따라서 레시피에서 요구하는 수준으로 반죽을 밀기란 점점 힘들어진다. 또한 밀대를 사용할 때는 압력을 일정하게 가하기도 어렵다. 이 부분이 크루아상을 만들 때 결정적으로 중요한 부분인데도 말이다.

또한 반죽과 버터를 겹겹의 층으로 만드는 과정인 라미네이션에서는 단계마다 반죽을 냉장고에 넣어 휴지시켜야 한다. 글루텐을 쉬게 하고 버터가 녹는 것을 방지하기 위해서다. 그러나 냉장고에서 휴지시킨 반죽은 당연히 단단하게 굳을 것이고, 밀대로 반죽을 밀기가 또다시 어려워진다.

마지막으로 냉장고에서 휴지시킨 반죽의 버터 층은 단단해질 것이다. 그러나 버터가 너무 단단해지면 반죽을 밀 때 버터가 갈라지고 부서질 수 있다. 그렇게 되면 버터 층에 균열이 생기고, 이는 균일하지 않은 라미네이션을 만들어 낸다. 그러므로 레시피에 제시된 시간을 최대한 지켜야 한다.

아마도 집에서는 온도와 습도를 일정하게 유지하기 위해 냉난방을 조절하는 것이 쉽지 않을 수도 있고 표면이 차가운 작업대나 발효기 등이 없을 수도 있다. 하지만 룬에서 크루아상을 만들 때 절대 타협하지 않는 중요한 원칙들을 여기서 소개할 예정이니 참고해도 좋다.

여기서부터는
일반적인 크루아상 레시피를 기대하지 말아라

일반적인 크루아상 레시피에서는 라미네이션 과정을 시작할 때 모든 버터를 한 번에 넣는다. 이와 달리, 룬에서 개발한 기법에서는 버터를 두 번에 나누어 넣는다. 또한 반죽을 다루기 쉽게 만들기 위해 라미네이션을 할 때 반죽에 넣는 버터의 양을 약간 줄였다. 그렇지만 걱정하지 않아도 된다. 최종 결과물에 포함된 버터 전체의 양에는 변함이 없다. 앞의 레시피에서 반죽에 복합적인 맛을 더하고 버터의 풍미를 보장하기 위해 정제 버터를 사용한 것을 기억할 것이다. 이는 집에서 크루아상을 조금이나마 쉽게 만들 수 있도록 도와주면서 동시에 크루아상의 버터 향을 지키는 비법이다.

반죽을 휴지시켜라

훌륭한 결과물은 손쉽게도 빠르게도 얻을 수 없다. 이 진리는 페이스트리 반죽에도 적용된다. 매 단계의 마지막에 반죽을 휴지시키고 온도를 낮추는 것은 절대적으로 필요한 과정이다. 최종적으로 성공적인 결과물을 위해서는 반드시 반죽을 휴지시켜야 한다.

작업대에 절대 밀가루를 뿌리지 말아라

밀가루를 뿌리는 이유는 반죽 층에서 새어 나온 버터가 작업대에 남아서 반죽이 기름지고 끈적해지고, 따라서 반죽을 다루기 어려워지는 상황에 대처하기 위해 보편적으로 사용된다. 하지만 작업대에 밀가루를 뿌리면 애초에 까다롭게 계량해 놓은 재료에 알 수 없는 분량의 밀가루를 추가한 셈이 된다. 이와 같은 부정확한 양의 밀가루의 투입은 결국 바람직스럽지 못한 결과물을 초래한다.

과감하게, 그러나 조심스럽게 반죽을 밀어라

페이스트리 반죽의 바깥쪽 층이 찢어지는 것을 막기 위한 (따라서 작업대에 밀가루를 뿌릴 필요가 없도록 하기 위한) 유일한 방법은 과감하지만 조심스럽고 부드럽게 반죽의 바깥층을 다루는 것이다. 바깥층이 완결성을 잃지 않도록 조심해야 한다. 기름지고 끈적하며 작업의 난이도를 어렵게 만드는 버터의 첫 번째 층과 작업대 사이에 유일하게 버티고 있는 것이 바로 이 바깥층이기 때문이다.

라미네이션

반죽 한 덩이
(전날 준비해 놓은 것)

실온의 버터 600g

집에서 크루아상을 만들 때 어려운 과정 중 하나는 라미네이션이다. 물론, 타르트용 쇼트크러스트 페이스트리를 만들기 위해 밀대를 사용해 본 경험이 있을 수도 있다. 그러나 글루텐이 잘 형성된 발효 반죽을 미는 작업을 절대 과소평가해서는 안 된다. 성공적인 라미네이션을 위해, 다음에 소개하는 방법에서는 반죽을 4개의 덩어리로 나누어 작은 반죽 4회분으로 만드는 방법을 소개한다.

냉장고에서 반죽을 꺼내기 전에 먼저 작업대가 차가운지 확인한다. 만약 작업대의 온도가 높다면 둘째 날의 작업은 거의 불가능하며, 크루아상 만들기에 실패할 수 있다. 여름철에 날씨가 덥고 작업대가 콘크리트, 대리석, 화강암 등 열용량이 큰 소재로 만들어져 있다면 작업대가 따뜻할 가능성이 높다. 이 소재들은 열을 흡수해서 저장하기 때문이다. 작업대를 만져 보았을 때 시원하지 않다면 다음 단계로 넘어가기 전에 먼저 온도를 내려야 하며, 반죽을 다루는 도중에도 시원한 온도를 유지하도록 해야 한다. 냉동 완두콩이 든 주머니(혹은 그와 비슷한 것)를 주기적으로 작업대에 올려놓아 쉽고 간단하게 온도를 내릴 수 있다. 발효된 생반죽을 다루기에 이상적인 실내 온도는 18℃다. 더운 날씨라면 에어컨을 가동할 것을 권한다.

1 작업대가 차가운지 확인했다면 냉장고에서 반죽을 꺼낸다. 반죽은 부풀어 올라 용기를 채우고 직사각형의 형태가 되어 있을 것이다.

2 작업대 위에 용기를 뒤집어 반죽을 꺼낸다. 반죽의 아랫면이 위를 향한 상태다.

3 손바닥의 끝부분으로 반죽을 조심스럽게 눌러 공기를 빼내고 직사각형으로 만든다.

4 이제 밀대로 반죽을 높이 30cm, 너비 40cm 정도의 직사각형으로 밀어서 편다. 직사각형이 커질수록 이후의 작업이 수월해지므로, 정확한 수치를 맞추려고 너무 애쓰지 않아도 된다. 반죽의 가운데 부분에서 시작해 바깥 방향으로, 밀대를 사용해 고르게 압력을 주면서 조심스럽게 직사각형의 크기를 늘려나간다. 이 과정은 서둘러서는 안 되며, 힘으로 속도를 낼 수도 없다. 압력을 일정하게 유지하는 것이 중요하다.

5 반죽이 대략 30×40cm의 크기가 되었다면, 유산지를 깐 베이킹 트레이로 반죽을 조심스럽게 옮기고 랩으로 잘 감싼 다음 1시간 이상 냉장한다.

1 냉장고에서 1시간 이상 휴지시킨 반죽을 꺼낸다. 랩을 제거하고 반죽을 작업대로 옮긴다. 40cm 이상의 자를 사용해 반죽의 윗변에 10cm, 20cm, 30cm 지점을 표시한다.

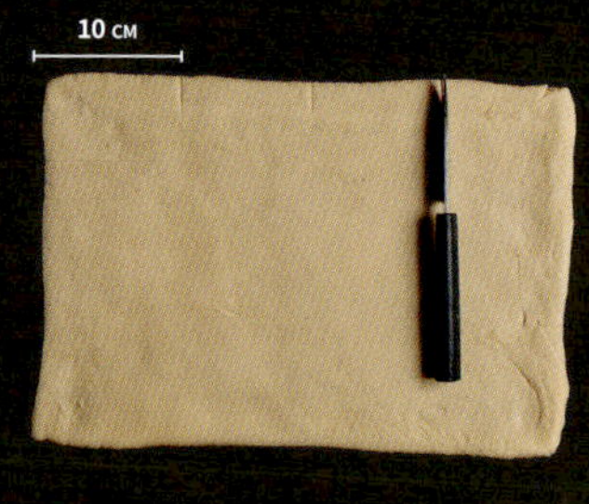

2 아랫변에도 마찬가지로 10cm 간격마다 표시한다.

3 윗변의 10cm 지점과 아랫변의 10cm 지점을 맞춰 자를 댄다.

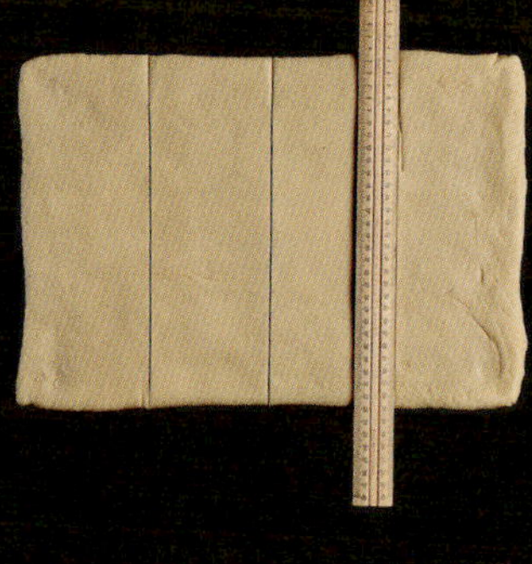

4 식도를 사용해 반죽을 4개의 균등한 긴 조각으로 자른다. 각 조각은 1회분의 반죽이 된다.

5 길게 자른 첫 번째 조각을 긴 변이 작업대의 변과 평행하도록 놓는다.

6 나머지 세 조각은 유산지를 깐 베이킹 트레이로 다시 옮기고 랩을 씌워 냉장고에 넣는다.

7 반죽의 너비가 60cm가 되도록 일정한 압력으로 민다. 30cm 지점(가운데 부분)에 칼로 금을 긋는다.

8 믹싱볼에 부드럽게 저은 버터를 넣은 뒤 디지털 저울에 올려놓고 영점 버튼을 눌러 0이 표시되도록 한다. 오프셋 스패츌러로 버터 덩어리를 조금씩 떠내 반죽의 오른쪽 절반 부분에 고르게 놓는다. 저울에 -100g이 표시될 때까지 반죽에 총 100g의 버터를 올린다.

9 가장자리에 최대 2~3mm의 작은 여유 공간만 남기고 오프셋 스패츌러로 반죽 절반에 버터를 최대한 고르게 펴 바른다.

10 버터를 바르지 않은 반죽 부분을 조심스럽게 들어 올려 버터를 바른 부분을 덮고 가장자리를 조심스럽게 붙인다.

11 반죽을 유산지로 싼 후, 랩으로 싸거나 적당한 크기의 지퍼백에 넣는다. 냉장고에서 30분간 휴지시킨다.

첫 번째 반죽을 냉장 휴지시키는 동안 나머지 3회분의 반죽도 7번에서 11번까지 반복한다.

1 냉장고에서 30분간 휴지시킨 첫 번째 반죽을 꺼내서 긴 변이 작업대의 변과 평행하도록 놓는다.

2 반죽의 너비가 50cm가 되도록 반죽의 가운데 부분부터 고르게 압력을 주면서 조심스럽게 민다. 이 과정 초반에는 반죽이 작업대에 들러붙지 않도록 반죽을 몇 번 뒤집어야 한다. 반죽이 들러붙으면 반죽의 윗부분이 아래쪽보다 더 늘어나고 버터 층이 균일하지 않게 되기 때문이다. 또한 반죽을 밀면서 부드럽게 반죽을 흔들어 작업대에서 뗄 수도 있다. 이 또한 반죽이 작업대에 들러붙는 것을 막기 위해서다.

3 반죽의 너비가 50cm가 될 때까지 민 후, 칼을 이용해 20cm 지점과 45cm 지점에 금을 긋는다.

4 부드럽게 저은 버터가 든 볼을 저울에 올리고, 오프셋 스패출러로 버터를 조금씩 떠내 두 금 사이의 공간에 놓는다.

5 반죽에 버터를 50g까지 얹은 후, 이번에도 가장자리에 작은 여유 공간을 남기고 최대한 고르게 버터를 펴 바른다.

6 반죽의 오른쪽 끝을 작업대에서 조심스럽게 떼어 들어 올린 후 접어서 버터를 바른 부분의 4분의 1을 덮는다.

7 같은 방법으로 반죽의 왼쪽 끝을 접어 버터가 완전히 덮이도록 한다. 반죽의 양 끝이 만난 부분을 부드럽게 붙인다.

8 이제 반죽의 왼쪽 끝을 들어 올려 오른쪽 끝과 만나도록 접어 소위 '책 접기'를 완성한다.

9 반죽을 유산지로 싸서 지퍼백에 넣는다. 냉장고에서 1시간 동안 휴지시킨다.

첫 번째 반죽을 냉장 휴지시키는 동안 나머지 3회분의 반죽도 1번부터 9번까지 반복해 첫 번째 '턴' 작업을 완성한다.

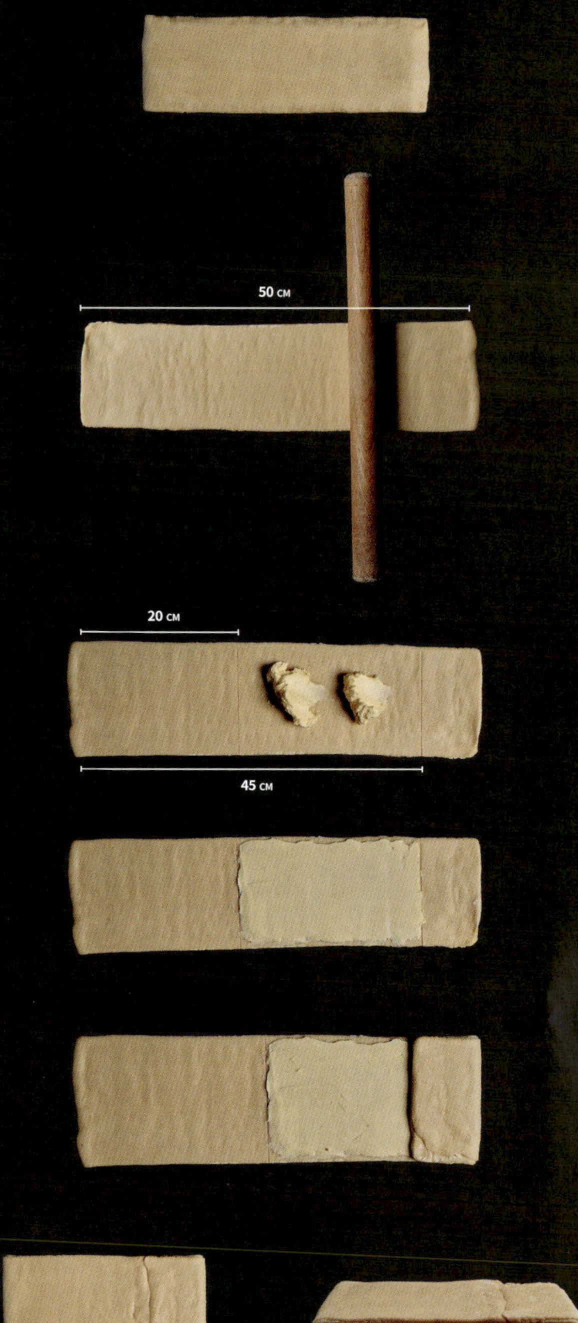

셰프의 노트 '턴'이란 반죽을 밀고 버터를 넣은 뒤 반죽을 접는 일련의 과정이다. 이를 통해 여러 겹의 반죽 층과 버터 층이 형성된다. 페이스트리 베이킹에는 수많은 종류의 반죽 접기 방식이 존재하며, 이 레시피의 첫 번째 '턴'에서는 변형된 '책 접기' 방법을 사용했다.

4단계

1 첫 번째 반죽을 냉장고에서 꺼내 '책등'에 해당하는 부분을 작업대의 변과 평행하도록 놓는다. 반죽을 이 방향으로 놓으면 반죽을 90도 회전시킨 셈이 된다.

2 이제 반죽이 반죽 너비의 세 배로 늘어날 때까지 민다. 앞의 모든 과정을 잘 따라 했다면 너비가 약 14cm일 것이므로, 42cm가 될 때까지 반죽을 밀어야 한다. 여기서도 마찬가지로, 만약 필요하다면 반죽이 작업대에 들러붙는 것을 방지하기 위해 반죽을 몇 차례 뒤집는다. 이렇게 하면 반죽의 위층과 아래층을 고르게 밀 수 있다.

3 자로 왼쪽 끝부터 반죽의 가로 방향으로 너비를 재서 3분의 2 지점에 칼로 가볍게 금을 긋는다. 반죽의 전체 너비가 위 설명과 같을 경우 28cm 지점이다.

4 왼쪽 끝을 조심스럽게 들어 올려 그어 둔 금에 맞춰 접는다.

5 이제 오른쪽 끝을 들어 올리고 접어 위를 덮는다. 편지를 3등분으로 접을 때와 같은 방식이다.

6 반죽을 유산지로 싸서 다시 지퍼백에 넣는다. 냉동실에서 30분간 휴지시킨다. 타이머를 맞춰 두면 정확한 시간을 확인할 수 있다.

7 30분 후 냉동실에서 반죽을 꺼내 냉장실로 옮긴다.

첫 번째 반죽을 냉동 휴지시키는 동안 나머지 3회분의 반죽도 1번부터 6번까지 반복해 두 번째 '턴' 작업을 완성한다.

셰프의 노트 두 번째 '턴' 단계는 반죽을 첫 번째 '턴' 작업 때 밀었던 방향에서 90도 회전시켜 작업대에 놓고 진행한다. '돌린다'라는 의미의 '턴'이라는 용어를 사용하게 된 이유다. 이 단계에서 반죽을 밀 때는 첫 번째 '턴' 때의 수직 방향으로 글루텐이 형성된다. 이는 반죽의 신장성(신축성)을 위해 중요한 과정이다. 이 레시피의 두 번째 '턴'에서는 '편지 접기' 방법을 사용했다.

이제 모든 턴 작업을 완료했다. 반죽은 밀고 성형하는 작업을 할 준비를 마쳤다. 이 시점에서 반죽을 마지막으로 밀기 전에 냉장고에서 몇 시간 동안 휴지시키기를 적극 추천한다. 이렇게 하면 글루텐의 힘이 풀려 반죽을 밀기가 훨씬 쉬워진다.

이제 다음날 페이스트리를 굽기 위해 몇 회분의 반죽을 사용할지도 정해야 한다. 1회분의 반죽으로 종류에 따라 5개에서 8개의 페이스트리를 구울 수 있다. 예를 들어 일반적인 크루아상을 5개 굽고 싶다면, 나머지 3회분의 반죽은 나중에 사용할 수 있도록 냉동실에 보관하면 된다. 냉동했던 반죽을 사용하려면 반죽을 냉동실에서 냉장실로 옮겨 12시간 이상 녹인 후에 마지막으로 밀고 성형하는 작업을 진행한다.

여러 가지 모양

이전의 과정을 열심히 따라왔다면 라미네이션이 되어 포장된 채 냉장고 속에서 휴지 중인 완벽한 반죽이 4개나 있을 것이다. 가장 힘든 작업을 끝낸 것이다! 이제 즐기면서 룬의 여러 가지 맛있는 크루아상을 만들면 된다.

만들고자 하는 페이스트리의에 따라 1회분의 반죽으로 5개에서 8개의 페이스트리를 만들 수 있다. 이 장에서는 각기 다른 모양의 페이스트리를 만들기 위해 반죽을 밀고 표시하고 자르는 법을 자세하게 다룬다. 이후 소개되는 레시피들에서 이 장의 정보를 자주 언급하므로, 이 페이지들은 모서리가 접히고 버터 묻은 손자국이 잔뜩 남게 될 것이다.

여러 가지 모양의 페이스트리를 만들기 위해 반죽을 자르다 보면 반죽이 조금씩 남게 될 것이다. 남은 반죽을 활용하는 레시피도 이 책에서 소개할 예정이므로, 반죽을 밀폐 용기에 담아 냉장 보관해 두자.

크루아상
Croissant

자르기

1 편지접기를 한 반죽의 '열려 있는 양쪽 끝'이 몸쪽과 그 맞은편을 향하도록 작업대 위에 놓는다.

2 밀대를 사용해 먼저 반죽을 몸쪽에서 맞은편 방향으로, 다음에는 맞은편에서 몸쪽으로 민다. 반죽의 높이가 최소 26cm가 될 때까지 반복한다. 그런 후 양옆 방향으로 반죽을 밀어 너비가 최소 28cm가 되도록 한다.

3 반죽의 왼쪽 가장자리에 자를 세로 방향으로 대고 0cm 지점과 24cm 지점을 표시한다. 오른쪽 가장자리에서도 반복한다. 0cm 지점에서 반죽 위쪽을 가로지르는 선을 긋는다. 0cm 지점과 첫 번째 크루아상의 중앙인 4.5cm 지점에 작은 자국을 낸다.

4 반죽 위쪽의 0cm 지점에 맞추어 자를 놓고 잘 드는 칼로 위쪽 가장자리를 잘라낸다. 잘라낸 조각은 보관한다. 이제 반죽 아래쪽의 24cm 지점에 맞추어 자를 놓고 잘 드는 칼로 아래쪽 가장자리를 잘라낸다. 잘라낸 조각은 보관한다.

성형하기

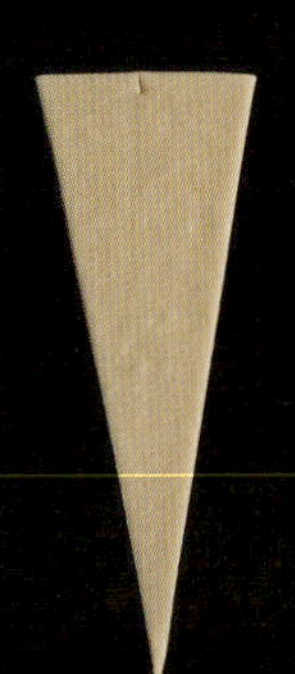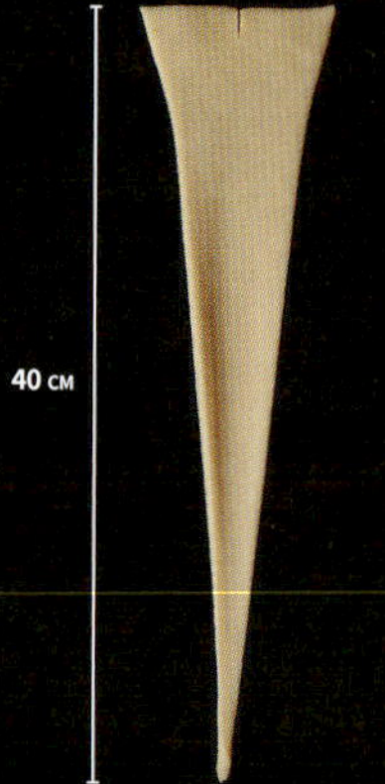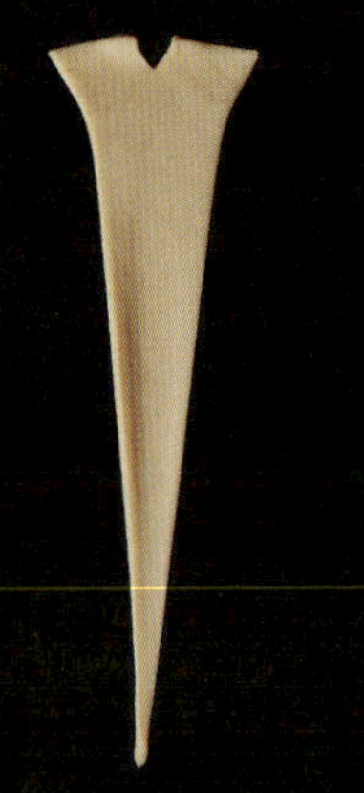

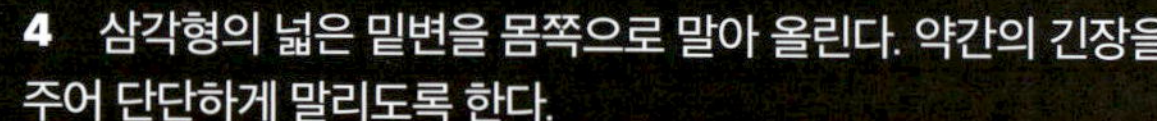

1 과도를 사용해 삼각형 밑변의 중앙에 약 1cm의 작은 칼자국을 낸다.

2 삼각형의 넓은 밑변을 왼손으로 조심스럽게 잡고, 오른손 엄지손가락으로 삼각형의 긴 방향을 따라 아래쪽으로 과감하게, 그러나 부드럽게 반죽을 잡아 늘여 길이가 총 40cm가 되도록 한다.

3 칼자국을 낸 밑변 양쪽을 잡고 반죽을 조심스럽게 잡아당겨 갈라진 틈을 만든다. 이렇게 하면 삼각형의 밑변은 더 넓어지게 된다.

4 삼각형의 넓은 밑변을 몸쪽으로 말아 올린다. 약간의 긴장을 주어 단단하게 말리도록 한다.

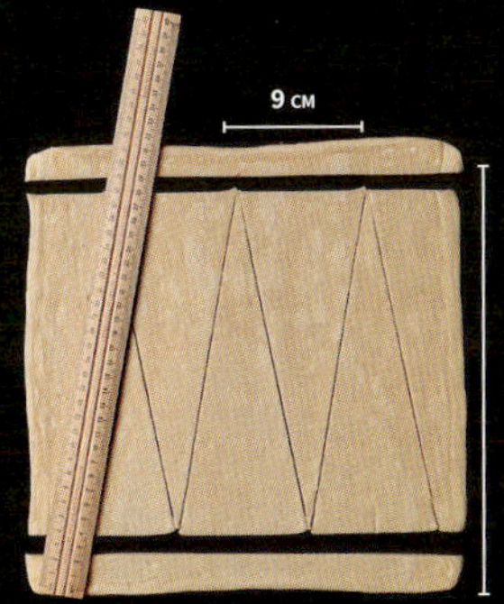

5 위의 사진과 같이 밑변이 9cm, 높이가 24cm인 5개의 삼각형을 그리고 잘라낸다. 가능하다면 양쪽 가장자리에 약간의 여유를 둔다.

6 반죽의 위와 아래에서 잘라낸 조각은 남겨 두었다가 크러핀을 만들 수 있다. 남은 조각을 사용하기 전까지 밀폐 용기에 넣어 냉장고에 보관한다.

7 자를 이용해 크러핀용 반죽 조각을 길게 잘라낸다. 마지막에 남은 작은 자투리 조각들 또한 보관해 두면 생선 파이의 토핑을 만들 때 사용할 수 있다. 밑변이 9cm, 높이가 24cm인 5개의 삼각형 반죽이 준비되었다. 이제 성형할 차례다.

5 반죽으로 세 바퀴를 온전히 말 수 있을 것이다. 반죽이 벌어지지 않도록 삼각형의 끝부분은 크루아상의 아랫부분에 오도록 한다. 발효하고 굽는 과정에서 반죽이 풀리지 않도록 끝부분을 부드럽게 눌러 붙인다.

셰프의 노트 이제는 반죽 층과 버터 층이 매우 얇아졌기 때문에, 이 과정들을 빠르게 진행하지 않으면 손의 온기에 버터가 녹을 수 있다.

유산지를 깐 베이킹 트레이 위에 크루아상을 올린다. 크루아상 간의 간격을 충분히 띄운다. 이 상태에서 크루아상은 냉장고에 넣어 두고 발효시킬 때까지 보관할 수 있다. 반죽 표면이 마르지 않도록 트레이를 랩으로 잘 덮어 둔다.

팽 오 쇼콜라
Pain Au Chocolat

자르기

1　편지 접기를 한 반죽의 열려 있는 양쪽 끝'이 몸쪽과 그 맞은편을 향하도록 작업대 위에 놓는다.

2　'크루아상' 모양으로 성형할 때와 똑같은 방법으로 높이 26cm, 너비 28cm가 되도록 반죽을 민다.

3　자와 과도를 사용해 반죽을 높이 24cm, 너비 27cm의 직사각형으로 자른다. 자르고 남은 조각은 크러핀이나 자투리 페이스트리용으로 보관한다.

4　위의 사진과 같이 높이가 12cm, 너비가 9cm인 직사각형 6개를 표시하고 자른다.

성형하기

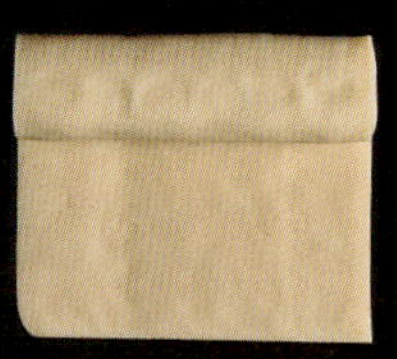

1　스틱 초콜릿 1개를 직사각형 반죽의 짧은 변에 놓는다. 두 번째 스틱 초콜릿을 가까이에 준비해 둔다.

2　스틱 초콜릿이 움직이지 않도록 고정한 채로 반죽의 위쪽 가장자리를 작업대에서 부드럽게 들어 올린다. 반죽의 위쪽 가장자리를 접어 첫 번째 스틱 초콜릿이 부분적으로 말린 형태가 되도록 만든다.

3　두 번째 스틱 초콜릿을 방금 접은 부분 위에 올린 후, 힘을 주지 말고 손바닥을 사용해 한 번의 동작으로 반죽을 몸쪽으로 만다.

4　몸쪽으로 만 반죽의 이음매가 반죽의 아랫부분에 오도록 한다. 말린 반죽을 부드럽게 누르면 이음매가 더 단단해지고 반죽의 모양이 고정되므로 발효하고 굽는 과정에 반죽이 풀리는 것을 막을 수 있다.

유산지를 깐 베이킹 트레이에 팽 오 쇼콜라를 올린다. 팽 오 쇼콜라 간의 간격을 충분히 띄운다. 이 상태에서 팽 오 쇼콜라의 반죽은 냉장고에 넣어 두고 발효시킬 때까지 보관할 수 있다. 반죽 표면이 마르지 않도록 트레이를 랩으로 잘 덮어 둔다.

데니시
Danish

자르기

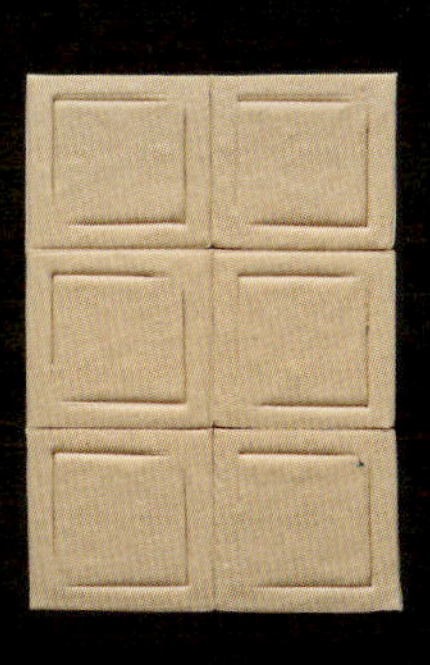

1 편지 접기를 한 반죽의 '열려 있는 양쪽 끝'이 몸쪽과 그 맞은편을 향하도록 작업대 위에 놓는다.

2 반죽의 높이가 최소 35cm가 될 때까지 앞뒤로 민다. 그런 다음 너비가 최소 24cm가 될 때까지 양옆 방향으로 민다. 이렇게 하면 데니시 6개를 만들 수 있으며, 약간의 자투리 조각이 생긴다.

3 자와 과도를 사용해 반죽을 높이 33cm, 너비 22cm의 직사각형으로 자른다. 자르고 남은 조각은 크러핀이나 자투리 페이스트리용으로 보관한다.

4 위의 사진과 같이 반죽을 11×11cm짜리 정사각형 6개로 자른다. 잘 드는 칼로 각 사각형의 오른쪽 아래 모서리와 왼쪽 위 모서리에 칼집을 낸다. 오른쪽 위 모서리와 왼쪽 아래 모서리는 자르지 않도록 주의한다.

성형하기

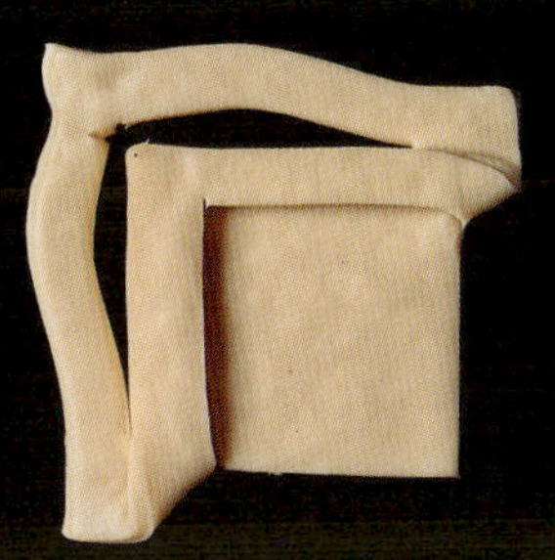

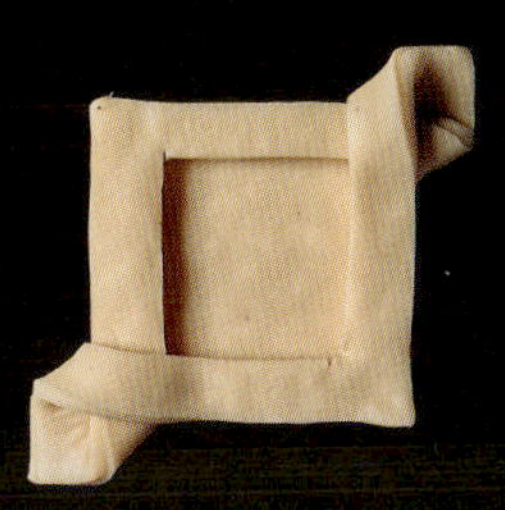

1 칼집을 낸 자국이 오른쪽 아래 모서리와 왼쪽 위 모서리에 위치하도록 정사각형 반죽을 작업대 위에 놓는다.

2 오른쪽 아래 모서리를 부드럽게 들어 올려 왼쪽 위 모서리에 낸 칼집 자국에 맞추어 접는다. 손가락 끝으로 반죽을 조심스럽게 눌러 붙인다.

3 왼쪽 위 모서리의 가느다란 반죽 부분을 아주 약간만 늘려서 살짝 길어지게 한다.

4 왼쪽 위 모서리를 새로 생긴 오른쪽 아래 모서리 위로 접는다. 접은 모서리가 아래 반죽 위에 수평으로 얹어지도록 반죽의 가장자리를 맞춘다. 손가락 끝으로 반죽을 조심스럽게 눌러 붙인다.

유산지를 깐 베이킹 트레이에 데니시를 올린다. 데니시 간의 간격을 충분히 띄운다. 이 상태에서 데니시의 반죽은 냉장고에 넣어 두고 발효시킬 때까지 보관할 수 있다. 반죽 표면이 마르지 않도록 트레이를 랩으로 잘 덮어 둔다.

에스카르고와 퀸아망
Escargot and Kouign-Amann

자르기

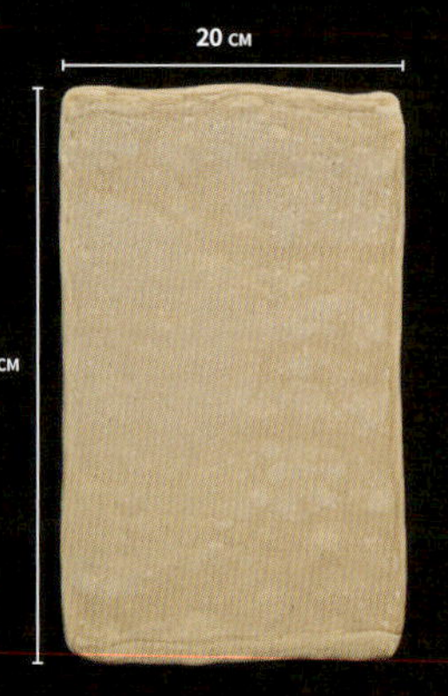

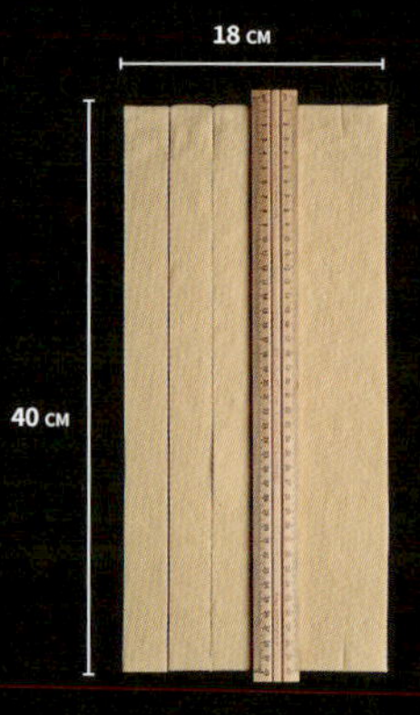

1 편지 접기를 한 반죽의 '열려 있는 양쪽 끝'이 몸쪽과 그 맞은편을 향하도록 작업대 위에 놓는다.

2 반죽의 높이가 최소 42cm가 될 때까지 앞뒤로 민다. 그런 후 너비가 최소 20cm가 될 때까지 양옆 방향으로 민다.

3 자와 과도를 사용해 반죽을 높이 40cm, 너비 18cm의 직사각형으로 자른다.

4 위의 사진과 같이 반죽을 높이 40cm, 너비 3cm의 긴 조각 6개로 자른다.

성형하기

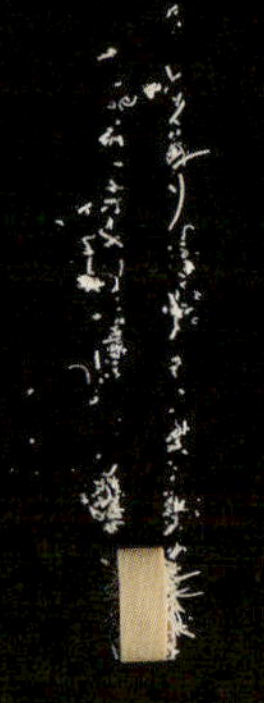

1 원하는 필링을 긴 반죽 조각 위로 고르게 놓는다. 몸에 가까운 쪽 끄트머리 3cm 가량은 필링으로 덮지 않는다.

2 몸에서 먼 쪽 끝에서부터 반죽을 말아 올린다. 필링이 빠져나올 수 있기 때문에 너무 단단히 말지 않는다.

3 말린 반죽을 옆으로 넘겨 나선형의 면이 위를 향하도록 한다.

유지를 바르고 유산지를 두른 스프링폼 틀의 링 부분 6개를 유산지를 깐 베이킹 트레이 위에 올린다.

달팽이 모양 반죽이 틀 안에서 고르게 발효되고 구워지도록 각 틀의 중앙에 하나씩 놓는다. 발효시키기

토르사드
Torsade

자르기

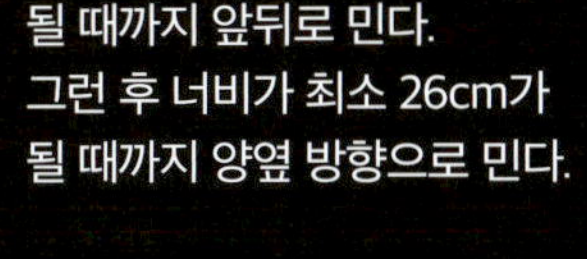

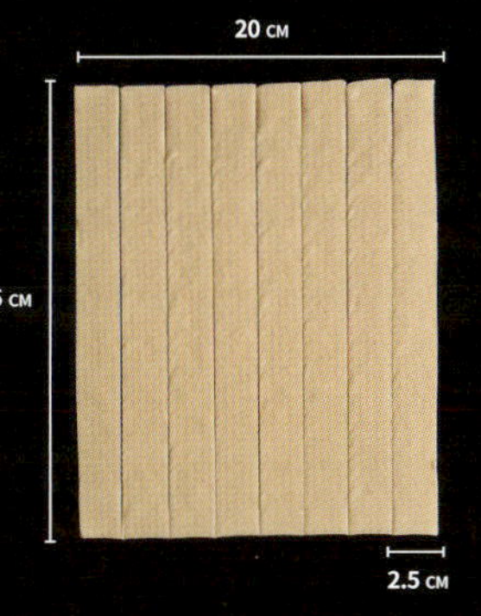

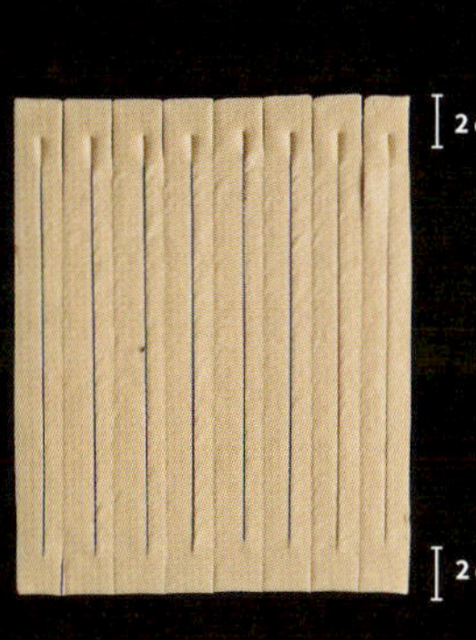

1 편지 접기를 한 반죽의 '열려 있는 양쪽 끝'이 몸쪽과 그 맞은편을 향하도록 작업대 위에 놓는다.

2 반죽의 높이가 최소 27cm가 될 때까지 앞뒤로 민다. 그런 후 너비가 최소 26cm가 될 때까지 양옆 방향으로 민다.

3 자와 과도를 사용해 반죽을 높이 25cm, 너비 20cm의 직사각형으로 자른다. 이제 반죽을 높이 25cm, 너비 2.5cm의 긴 조각 8개로 자른다.

4 자를 사용해 각 조각의 중간 부분을 양 끝에 2cm씩 남기고 길게 자른다.

성형하기

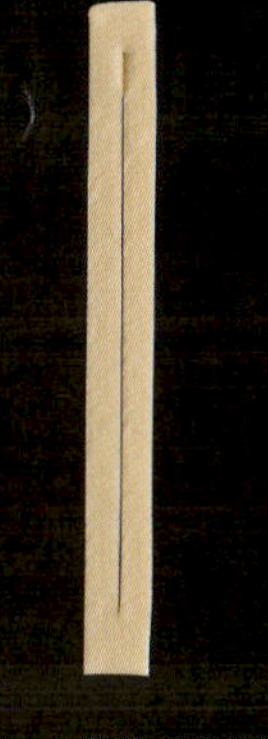

1 작업대 위에 반죽을 놓고 길게 자른 가운데 부분을 벌려 느슨한 마름모꼴로 만든다.

2 반죽의 아랫부분(몸과 가까운 쪽 끝)을 잡고 아래 방향으로 한 바퀴 돌려 구멍으로 빼낸다. 한 번 더 반복한다.

3 이제 반죽의 윗부분(몸에서 먼 쪽 끝)을 잡고 위 방향으로 한 바퀴 돌려 구멍으로 빼낸다. 한 번 더 반복한다. 그러면 반죽에 4개의 꼬임이 생긴다.

4 반죽이 고르게 꼬였는지 확인한다. 조심스럽게 꼬인 부분을 조절한다.

유산지를 깐 베이킹 트레이에 토르사드를 놓는다. 토르사드 간의 간격을 충분히 띄운다. 이 상태에서 토르사드의 반죽은 냉장고에 넣어 두고 발효시킬 때까지 보관할 수 있다. 반죽 표면이 마르지 않도록 트레이를 랩으로 잘 덮어 둔다.

크러핀
Cruffin

원래 크러핀은 자투리 반죽을 활용하기 위해 만들어진 페이스트리다. 따라서 여러 유형의 페이스트리 중 레시피가 가장 쉬운 편으로, 반죽의 정확한 치수보다는 반죽 무게에 기반해 만든다.

크러핀은 약 40g의 긴 반죽 조각 2개로 만든다. 정확한 반죽의 크기를 알고 싶은 사람들을 위해 말해두자면, 각 조각의 이상적인 치수는 25×2.5cm다. 앞에서 여러 가지 모양을 만드는 동안 1~2개의 크러핀을 만들 분량의 자투리 반죽이 나오기는 하지만, 반죽 전체를 사용해 8개의 크러핀을 만들 수도 있다.

크러핀을 만들 때는 반죽의 양쪽 가장자리가 잘려 절단면의 라미네이션이 노출된 상태여야 한다. 라미네이션이 드러나지 않은 반죽의 가장 끝부분을 사용하면, 반죽을 구울 때 층이 분리되면서 생기는 가벼운 느낌이 없고 단단하고 설익은 반죽 같은 질감의 크러핀이 된다.

크러핀을 발효하고 굽는 과정까지 이번 장에 소개해 두었다. 모든 크러핀 레시피는 기본적으로 동일하며, 굽고 나서 필링과 가니시를 추가하는 부분만 달라지기 때문이다.

발효하기

1　바닥을 탈착할 수 있는 디저트 팬에 크러핀 반죽을 가득 채워 유산지를 깐 트레이 중앙에 놓는다. 크러핀 틀을 유산지로 느슨하게 감싸고 그 위에 깨끗한 베이킹 트레이를 올린다. 트레이를 올리는 이유는 크러핀의 모양이 고르도록 반죽의 발효를 제어하기 위한 것이다.

2　트레이를 불이 꺼진 오븐에 넣고 끓는 물이 담긴 그릇을 오븐 아래 칸에 놓는다. 5시간에서 6시간 정도 발효한다. 반죽이 디저트 팬의 구멍으로 약 1cm 정도 튀어나오고, 위에 올려 둔 트레이 때문에 윗면이 평평한 상태가 되면 구울 준비가 된 것이다. 크러핀의 윗면이 옆 방향으로 부풀기 시작해 다른 크러핀과 닿을 정도가 되었다면 과발효된 것이다.

굽기

1　발효한 크러핀 반죽을 오븐에서 꺼낸다. 오븐을 컨벡션 오븐 기준으로 210℃로 예열한다.

2　크러핀을 덮었던 유산지를 조심스럽게 제거한다. 몸과 가까운 쪽의 유산지 모서리 두 군데를 잡고 매우 천천히, 조금씩 들어 올려 벗긴다. 유산지는 발효 단계에서 생긴 습기 때문에 젖어서 제거하기 어려운 상태일 것이다. 따라서 반죽의 층을 찢거나 잡아당기지 않도록 몸을 낮추어 반죽에 눈높이를 맞추고 작업하는 것도 좋다.

3　달걀 1개를 휘저어 달걀물을 만든다. 크러핀 윗면의 모양을 따라 모가 부드러운 브러시로 원형을 그리며 달걀물을 바른다. 예열한 오븐에 반죽을 넣고 210℃에서 5분간 굽는다.

4　1차로 5분간 구운 뒤 오븐 온도를 160℃로 내려 15분간 더 굽는다. 오븐을 열고 트레이를 180도 회전시켜 넣은 뒤 윗면이 노릇노릇한 황갈색이 될 때까지 마지막으로 6분간 굽는다.

5　틀 안에서 크러핀 하나를 조심스럽게 돌려 본다. 돌릴 수 있으면 완전히 구워진 것이다.

6　다 구워진 크러핀은 5분간 그대로 두었다가 틀에서 꺼내 식힘망 위에서 식힌다.

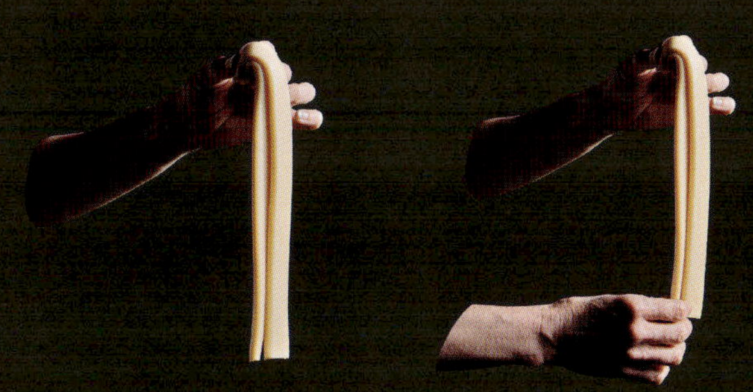

1 반죽을 크러핀 모양으로 성형하려면 먼저 긴 반죽 조각 2개 (총 80g)의 끝부분을 왼손 엄지와 검지로 잡는다. 손을 똑바로 세우고 반죽을 검지 위로 넘겨 늘어뜨린다.

2 안쪽의 반죽 조각을 잡고 들어 올려 엄지손톱 위로 넘겨서 바깥쪽에 오도록 한다. 나선형의 중앙부가 형성된 것을 볼 수 있다.

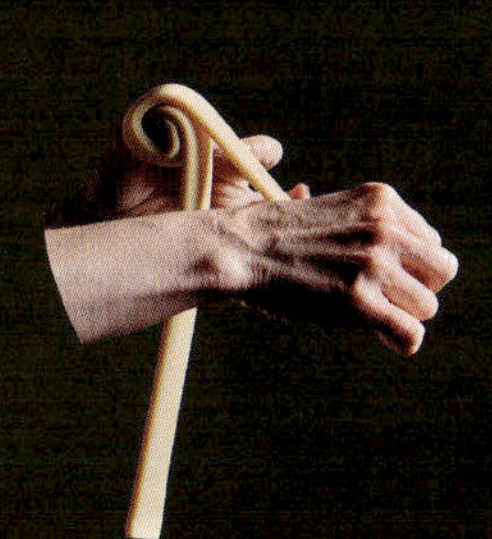

3 이제 안쪽에 위치하게 된 두 번째 반죽 조각을 잡고 들어 올려 먼젓번 반죽 위로 넘긴다.

4 각 반죽이 3cm 정도 남을 때까지 같은 동작을 반복해 같은 길이의 '꼬리'를 만든다.

5 크러핀을 제대로 말았다면, 이 '꼬리'들은 정확히 맞은편에 위치하게 된다.

6 조심스럽게 왼손 엄지와 검지를 빼내고, 반쯤 성형한 크러핀을 옆으로 눕혀 꼬리가 있는 아랫면이 보이도록 왼손 손바닥 위에 놓는다.

7 각 꼬리를 접어 안쪽으로 넣는다. 모든 과정은 팽팽한 긴장을 유지하면서도 반죽이 늘어나지 않도록 진행해야 한다.

유지를 바르고 유산지를 깐 디저트 팬이나 머핀 틀에 성형한 크러핀 반죽을 넣는다. 나선 부분이 위쪽을, 꼬리 부분이 밑면을 향하도록 한다.

아침

우시아

Ousia

메리는 본인 가게의 베이킹을 최초로 내게 맡긴 사람이다. 룬을 직접 운영하게 된 지금, 상업적인 주방에서 요리 경험이 전혀 없는 항공 우주 공학 학위 소지자를 선뜻 고용하려면 어느 정도의 신뢰가 필요한지 너무나 잘 안다.

나는 메리의 작지만 완벽한 카페인 우시아의 단골이었다. 어느 날 아침, 플랫 화이트를 마시던 날 용기를 내어 메리에게 카페의 베이킹 담당으로 고용해 줄 수 있는지 물었다. 놀랍게도 메리는 나의 요청을 받아들였고, 그렇게 하루아침에 베이킹을 업으로 하는 사람이 되었다.

누구나 메리를 만나면 그녀에게 매혹되었다. 메리는 상대방이 특별한 대우를 받고 있다고 느끼게 하는 법을 알았다. 그러나 무엇보다도, 메리는 감동적일 정도로 맛있고 비주얼도 아름다우며 정성스러운 음식을 내놓았다. 모든 요리에 사랑이 담겨 있었다. 맛을 보면 느낄 수 있었다. 휴무일이면 메리는 시장을 샅샅이 뒤져 최고의 제철 과일과 채소를 구하고, 주방으로 돌아와서는 전통적인 레시피와 요리법을 존중하며 멋진 요리를 만들어 냈다.

메리는 음식을 사랑하는 법을 가르쳐 주었다. 음식을 먹는 즐거움뿐만 아니라 요리하는 기쁨, 식재료에 대한 존중 그리고 식재료들이 부분의 합 그 이상의 어떤 것으로 변모하는 모습에 대한 경외심까지 알려 주었다.

2년 동안 메리와 메리의 멋진 남편 알렉과 함께 일하면서, 베이킹에 관한 지식과 자신감이 서서히 늘었다. 그러는 동안 좀 더 복잡한 파티스리patisserie에 매력을 느끼게 되었다. 어느 날, 퇴근 후 집에 가 보니 이전에 주문했던 파리의 파티스리에 관한 책이 배송되어 있었다. 거실 바닥에 책상다리를 하고 앉아 이 아름다운 책을 들고 아무 데나 펼쳤다. 거기에는 팽 오 쇼콜라 여러 개를 쌓아 놓고 찍은 사진이 두 페이지에 걸쳐 실려 있었다. 사진을 얼마나 가까이에서 찍었던지, 페이스트리의 완벽한 층 하나하나가 다 보였다. 지금껏 보았던 사진 중 가장 아름다운 사진이었다.

페이스트리에 완전히 매료되어 책을 덮은 뒤, 바로 가장 가까운 여행사에 가서 바로 파리행 비행기표를 예약했다. 다음날 우시아에서 메리와 알렉에게 책과 사진, 파리행 비행기표에 대해 흥분해서 이야기했다. 우리는 함께 하기로 뜻을 모았다.

클래식 크루아상

Traditional Croissant

5~8개분

크루아상용으로 밀고 잘라 둔
페이스트리 반죽 1회분

달걀 1개 분량의 달걀물

아침 식사용 페이스트리 중 가장 흔하게 볼 수 있는 이 크루아상은 현재의 형태로 식탁에 오른 지 약 200년이 되었지만, 사실 크루아상의 전신인 오스트리아의 빵 킵펠 Kipferl의 역사는 1300년대로 거슬러 올라간다. 사실상 굉장히 오랜 세월을 견뎌 온 페이스트리라고 할 수 있다.

버터의 풍미와 얇은 결의 질감이 살아있는 클래식 크루아상은 섬세하고 바삭한 겉과 얇은 벌집 구조의 부드러운 속이 돋보인다. 베이커리에서 나오면서 봉지에서 바로 꺼내 먹어도 좋고, 잼을 듬뿍 바르거나 햄과 치즈를 넣어서 즐겨도 좋다. 크루아상은 룬의 핵심 메뉴이며, 나를 베이킹에 완전히 빠져 버리게 한 페이스트리기도 하다. 크루아상의 발효에는 5~6시간 정도가 걸린다. 이를 참고하여 아래의 방법을 따라 만들어 보자.

성형하기 32페이지 참고

발효하기

1 먼저 주전자에 물을 끓인다. 크루아상 반죽을 팬닝해 두었던 트레이를 냉장고에서 꺼내 랩을 제거하고 오븐으로 옮긴다. 오븐을 발효기의 용도로 사용하는 것이므로, 전원을 켜면 안 된다. 주전자의 물이 끓으면 오븐용 접시에 끓는 물을 2.5cm 높이까지 붓는다. 라자냐 그릇과 같은 것을 사용하면 좋다. 접시를 오븐의 가장 아래 칸에 넣고 문을 닫는다.

2 크루아상 발효를 위한 최적의 환경은 25℃의 온도와 높은 습도다. 그러나 업소용 발효기를 가지고 있지 않은 이상 해당 조건을 완벽하게 구현하기란 어렵다. 25℃에서 크루아상을 발효하는 데에는 6시간이 걸린다. 따뜻한 날씨의 지역에 살고 있다면 발효 시간이 줄어들고, 평소의 실내 온도가 25℃보다 낮다면 발효 시간이 늘어날 것이다. 이렇듯 발효 시간은 절대적이지 않으므로, 크루아상의 상태를 확인하고 만약 시간이 더 필요하다고 생각되면 그대로 잠시 더 둔다. ➔

굽기

1 크루아상이 충분히 발효되었다는 판단이 들면(아래 셰프의 노트 참고) 오븐에서 크루아상 반죽이 놓인 트레이와 물을 담은 오븐용 접시를 꺼낸다. 오븐을 컨벡션 오븐 기준 210℃로 예열한다.

2 모가 부드러운 페이스트리 브러시로 반죽에 달걀물을 조심스럽게 바른다. 너무 많이 바르면 달걀물이 크루아상의 아랫부분에 고이게 되므로 주의한다.

3 크루아상을 210℃에서 5분간 구운 후, 오븐 온도를 160℃로 낮추어 16분간 더 굽는다. 오븐 내에 다른 부분보다 온도가 더 높은 부분이 있었다면, 마지막 8분은 트레이를 180도 돌려 넣고 굽는다.

4 크루아상이 전체적으로 황갈색을 띠면 완성된 것이다.

5 크루아상을 오븐에서 꺼낸 뒤 최소 10~15분은 그대로 두어야 잔열로 안쪽의 층들을 마저 익힐 수 있다.

집에서 크루아상을 성공적으로 구워 냈다면 이제 맛있게 먹을 일만 남았다!

셰프의 노트 룬의 신입 제빵사들에게 잘 발효된 크루아상 반죽의 모습을 설명할 때, '비치발리볼 선수의 피부처럼 보이는 상태'라는 표현을 한다. 완벽하게 매끄럽고 셀룰라이트가 없으며 우락부락하지도 않다. 껍질 속이 꽉 차 있고 팽팽하며 흠이 없다. 마치 만화에서 튀어나온 듯한 모습이며, 크기는 2배로 부풀어 오른 상태다.

햄과 그뤼에르 치즈 크루아상

Ham and Gruyére Croissant

5개분

크루아상용으로 밀고 잘라 둔
페이스트리 반죽 1회분

홀그레인 머스터드 적당량

두 번 훈제한 슬라이스 햄 100g

곱게 간 그뤼에르 치즈 75g,
장식용 추가 분량

달걀 1개 분량의 달걀물

이는 카페 카운터의 진열장에서 흔히 볼 수 있는 햄 치즈 크루아상이 아니다. 어떤 샌드위치를 말하는 것인지 다들 알 것이다. 반을 가르고 햄과 치즈를 구겨 넣어 샌드위치 프레스에 넣고 꽉 눌러 굽는 수모를 겪은, 약간 슬퍼 보이는 그런 샌드위치 말이다.

하지만 이건 다르다. 룬의 햄과 그뤼에르 치즈 크루아상이다. 룬에서는 햄과 치즈 그리고 산미가 있는 약간의 홀그레인 머스터드를 크루아상 반죽을 성형하기 전에 넣는다. 이는 곧 모든 재료를 한꺼번에 구워 얇은 한 겹 한 겹의 층에 치즈의 풍미가 가득한 하나의 걸작으로 탈바꿈시킨다는 뜻이다.

어떤 사람들은 크루아상에서 그뤼에르 치즈가 밖으로 흘러나와 생긴 바삭바삭한 끝부분을 좋아한다. 그런가 하면 따뜻한 상태로 한입 베어 물었을 때 길게 늘어나는 치즈를 좋아하는 사람들도 있다. 가장 맛있는 부분이 어디인지에 대해서는 논쟁이 있을 수밖에 없다. 어디까지가 치즈고 어디부터가 크루아상인지 알 수 없기 때문이다.

부드럽고 약간 말랑말랑한 층이 바로 치즈와 크루아상이 만나 하나가 되는 부분이다. 내가 가장 좋아하는 부분은 머스터드다. 의외의 생기를 더해주는 약간의 산미는 버터와 그뤼에르 치즈의 진하고 풍부한 맛 사이로 존재감을 드러낸다. 룬의 메뉴에서 이 크루아상을 빼면 대규모 폭동이 일어날지도 모른다.

성형하기

1 일반적인 크루아상을 만들 때처럼 삼각형 반죽의 넓은 밑변을 왼손으로 조심스럽게 잡는다. 오른손 엄지를 과감하고도 부드럽게 삼각형의 세로 방향으로 훑어내려 길이가 40cm가 될 때까지 반죽을 늘린다. 크루아상 반죽 5개를 모두 같은 방식으로 늘려 작업대에 펼쳐 놓는다.

2 반죽 하나의 밑변 부분에 완두콩 크기의 홀그레인 머스터드를 놓고 작은 오프셋 스패출러로 살짝 펴 바른다. 이제 슬라이스 햄 20g을 머스터드 위에 풍성하게 얹는다. 이때 햄을 접거나 공 모양으로 뭉치지 않도록 한다. 마지막으로 강판에 간 그뤼에르 치즈 15g을 햄 위에 얹는다. 나머지 4개의 반죽에도 같은 과정을 반복한다.

3 양쪽 엄지손가락으로 햄과 치즈를 고정한 상태로 삼각형의 넓은 밑변부터 반죽을 말아 올린다. 꼭짓점이 크루아상의 아랫부분에 오도록 마무리하고, 반죽의 양 끝부분은 작업대에 닿도록 한다. 이 양 끝부분에 반죽을 구울 때 흘러나오는 치즈가 고이게 된다. 나머지 4개의 반죽에도 같은 과정을 반복한다.

4 베이킹 트레이에 성형한 햄과 그뤼에르 크루아상을 팬닝한다. 발효하고 굽는 과정에 팽창할 것을 고려해 크루아상 사이에 충분한 간격을 둔다. 바로 발효할 것이 아니라면 반죽 표면이 마르지 않도록 트레이에 헐겁게 랩을 씌워 냉장고에 보관한다. →

발효하기

1 햄과 그뤼에르 치즈 크루아상도 일반적인 크루아상과 마찬가지로 발효에 5~6시간이 걸린다. 따라서 발효 시간을 참고하여 만들어야 한다. 크루아상을 팬닝해 둔 트레이를 꺼내 불이 꺼진 오븐에 넣고 아래 칸에 끓는 물이 담긴 그릇을 넣는다. 5~6시간 동안 발효시킨다. 5시간째 부터는 반죽이 과발효되지 않도록 중간중간 확인한다.

굽기

1 반죽이 둥그렇게 잘 부풀고 표면이 매끈하며 크기가 두 배 이상으로 커지면 구울 준비가 된 것이다.

2 발효된 크루아상이 놓인 트레이와 물이 담긴 그릇을 오븐에서 꺼낸다. 오븐을 컨벡션 오븐 기준 210℃로 예열한다.

3 모가 부드러운 페이스트리 브러시로 반죽에 달걀물을 조심스럽게 바른다. 너무 많이 바르면 달걀물이 크루아상의 아랫부분에 고이게 되므로 주의한다. 이제 갈아 둔 그뤼에르 치즈를 반죽 위에 뿌린다.

4 크루아상을 210℃에서 5분간 구운 후, 오븐 온도를 160℃로 낮추어 16분간 더 굽는다. 오븐 내에 다른 부분보다 온도가 더 높은 부분이 있다면, 마지막 8분은 트레이를 180도 돌려 넣고 굽는다.

5 10분 이상 식힌 뒤, 요리 인생 최고의 순간을 만끽하면 된다!

치즈와 베지마이트 에스카르고

Cheese and Vegemite Escargot

6개분

유지를 바르고 유산지를 두른 지름 11cm짜리
스프링폼 틀의 링 부분 6개를 유산지를 깐
베이킹 트레이에 올려 둔다.

에스카르고용으로 밀고 잘라 둔
페이스트리 반죽 1회분

베지마이트 적당량

베샤멜 소스 200g

곱게 간 그뤼에르 치즈 150g
장식용 추가 분량

달걀 1개 분량의 달걀물

호주에서 어린 시절의 추억을 떠올리게 하는 이 페이스트리는 짭짤하면서도 고급스러운 맛을 지녔다. 여기서 베지마이트는 깊고 진한 감칠맛을 더해주는 중요한 역할을 한다. 베지마이트Vegemite를 구하기 어렵다고 하더라도 괜찮다. 마마이트Marmite나 프로마이트 Promite 등 효모 추출물로 만든 다른 스프레드를 대신 사용해도 무방하다.

베샤멜 소스

버터 20g

우유 200g

밀가루 20g

홀그레인 머스터드 1/4티스푼

간 그뤼에르 치즈 15g

소금 한 꼬집

1 작은 냄비에 버터를 넣고 중불에 녹인다. 다른 냄비에 우유와 홀그레인 머스터드를 넣고 끓인 후 바로 불에서 내린다.

2 녹인 버터에 밀가루를 넣고 완전히 섞일 때까지 계속 젓는다. 이것을 루Roux라고 한다. 루가 엷은 갈색이 되고 냄비 바닥에 눌어붙기 시작할 때까지 중불에 끓인다.

3 루를 계속 저으면서 홀그레인 머스터드를 넣고 따뜻하게 데운 우유를 붓는다. 우유를 다 넣은 후 계속 저으면서 가볍게 끓이고, 끓기 시작하면 1분간 유지한다. 불에서 냄비를 내려 그뤼에르 치즈를 넣는다. 치즈가 녹아서 완전히 섞일 때까지 저어 준다. 마지막으로 소금을 넣는다. 실온이 될 때까지 식힌다. 즉시 사용하지 않을 경우, 밀폐 용기에 넣어 냉장고에 보관한다.

성형하기

1 길이 40cm, 폭 3cm의 긴 반죽 6개를 작업대 위에 놓는다.

2 작은 오프셋 스패출러로 반죽의 한쪽 끝에 3cm 정도를 남기고 베지마이트를 반죽 위에 펴 바른다. 베지마이트에 대한 선호도에 따라 스프레드를 얇게 혹은 넉넉하게 바른다. 베지마이트를 바를 때 에스카르고 1개는 토스트 1장과 비슷하다고 생각하면 된다.

3 각 반죽에 베샤멜 소스를 30g씩 올리고 오프셋 스패출러로 고르게 펴 바른다. 이번에도 끝에 3cm 정도는 베지마이트를 바르지 않고 남겨 둔다. 베샤멜 소스는 소스를 보관했던 밀폐 용기에서 바로 꺼내 써도 되고, 짤주머니에 담아 반죽 위에 두껍게 짜서 발라도 된다.

4 각 반죽에 곱게 간 그뤼에르 치즈 25g씩을 뿌려 베샤멜 소스를 최대한 고르게 덮는다.

5 몸에서 먼 쪽에서부터 반죽을 말아 올린다. 한 번에 반죽 하나씩 작업하고, 너무 단단하게 말지 않도록 한다. 말아 올린 에스카르고 반죽은 유지를 바르고 유산지를 두른 스프링폼 틀 안에 넣는다. 반죽이 고르게 발효되고 구워지도록 틀의 가운데에 놓는다. →

<table>
<tr><td>

발효하기

</td><td>

1 일반적인 크루아상과 마찬가지로, 치즈와 베지마이트 에스카르고는 발효하는 데 5~6시간이 걸린다. 그러므로 언제 페이스트리를 먹을지에 따라 시간을 역산해 발효 시점을 정한다. 반죽을 팬닝해 둔 트레이를 꺼내 불이 꺼진 오븐에 넣고 아래 칸에 끓는 물이 담긴 그릇을 넣은 후 5~6시간 동안 발효시킨다. 반죽이 스프링폼 틀 옆면에 닿을 정도로 부풀어 오르면 발효가 다 된 것이다.

</td></tr>
<tr><td>

굽기

</td><td>

1 발효된 에스카르고와 물이 담긴 그릇을 오븐에서 꺼낸다. 오븐을 컨벡션 오븐 기준 210℃로 예열한다.

2 이 에스카르고는 달걀물을 섬세하게 바르지 않아도 무방한 페이스트리 중 하나다. 심지어는 약간 거칠게 발라도 좋다. 달걀물을 흠뻑 적신 페이스트리 브러시의 넓적한 부분으로 반죽의 윗부분을 강하게 누른다. 에스카르고의 여러 층을 붙이는 과정이다. 이렇게 하면 중심부가 풀려 나오지 않게 된다. 마지막으로 장식용 분량의 곱게 간 그뤼에르 치즈 10g을 각 에스카르고 위에 뿌린다.

3 에스카르고를 210℃에서 5분간 구운 후, 오븐 온도를 160℃로 낮추어 색을 관찰하며 16~20분간 더 굽는다. 고르게 색이 나면 완성이다. 오븐 내에 다른 부분보다 온도가 더 높은 부분이 있다면, 마지막 몇 분은 트레이를 180도 돌려 넣고 굽는다.

4 만족스러운 색이 나면 오븐에서 에스카르고를 꺼낸다. 오븐 장갑을 끼고 조심스럽게 스프링폼 틀을 제거한 뒤 최소한 10분은 식힌다.

</td></tr>
</table>

퀸아망

Kouign-Amann

지름 11cm짜리 스프링폼 틀 6개

부드러운 버터 100g(마요네즈와 비슷한
농도로, 펴 바를 수 있지만 완전히 녹지는
않은 상태)

틀에 뿌릴 정제 설탕(매우 고운 것)

플레이크 천일염

퀸아망(에스카르고)용으로 밀고 잘라 둔
페이스트리 반죽 1회분

퀸아망은 파리에 살면서 뒤 팽 에 데지데의 인턴으로 일하던 시절 발견한 페이스트리다. 당시 토요일 아침마다 코인 세탁소에 들러 빨래를 돌려 놓고 아침을 먹으러 가장 가까운 베이커리로 향하곤 했다. 어느 날, 진열장에서 달팽이 모양의 페이스트리가 눈에 띄었다. 소용돌이 안쪽에 필링이 없었으므로 분명 팽 오 레이즌Pain Au Raisin은 아니었다. 간단히 말하자면 노릇노릇하고 아름다운 겹겹의 층으로 이루어진 커다란 소용돌이 형태의 하키 퍽과 같은 모습이었는데, 꼭 먹어 보고 싶었다. 그러나 그 이름에 어쩐지 주눅이 든 탓에 이 페이스트리를 주문할 용기를 내기까지는 시간이 꽤 걸렸다.

마침내 주문해서 먹어 본 그 페이스트리는 내가 경험한 최고의 맛 중 하나였다. 달콤함, 짭짤함, 쓴맛이 나기 직전까지 캐러멜화한 깊은 풍미, 바삭함, 쫄깃함… 말 그대로 페이스트리를 먹을 때 기대하는 모든 맛을 느낄 수 있었다. 2013년에 룬의 메뉴에 추가된 퀸아망은 'KA'라는 애정 어린 별칭으로 불리며 지금까지 고객과 직원 모두로부터 절대적인 사랑을 받고 있다.

퀸아망의 가장 큰 매력은 라미네이션을 완벽하게 하지 않아도 놀라운 결과물이 나온다는 점이다. 브르타뉴에서 유래한 이 페이스트리는 사실 남은 빵 반죽에 버터와 설탕을 넣어 라미네이션해서 만든 디저트다.

틀 준비하기

1　브러시로 스프링폼 틀에 부드러운 버터를 넉넉하게 바른 후, 1테이블스푼의 설탕을 각 틀에 붓고 흔들어 스프링폼 틀의 바닥과 옆면에 고르게 입힌다. 틀에 들러붙지 않은 설탕은 털어 낼 것이므로 설탕의 양은 크게 중요하지 않다. 털어 낸 설탕은 퀸아망을 성형할 때 쓰기 위해 보관해 둔다. 마지막으로 플레이크 천일염을 크게 한 꼬집 집어 각 틀의 바닥에 흩뿌린다.

성형하기

1　버터가 틀에 바르고 나서도 50g 이상 남았을 것이다. 남은 버터를 6개의 긴 페이스트리 반죽에 브러시로 고르게 바른다. 이제 버터 위에 설탕을 고르게 뿌린다. 각 반죽의 마지막 3cm는 설탕을 묻히지 않은 채로 남겨 둔다. 설탕의 양은 정확하게 지키기 어려우므로 레시피는 절대적이지 않다. 다만 설탕으로 버터를 완전히 덮으면서도 설탕 층이 너무 두꺼워지지 않도록 한다. 설탕이 너무 두껍게 발린 듯한 부분이 있다면 검지로 부드럽게 설탕을 펴서 고르게 만든다.

2　첫 번째 반죽을 부드럽게 몸쪽으로 말아 올린다. 말 때는 힘을 주지 않는다. 다 말린 반죽을 조심스럽게 들어 올려 윗면과 아랫면(소용돌이 모양이 보이는 면)을 남겨 두었던 설탕에 담근 후, 준비해 둔 틀의 중앙에 놓는다. 나머지 반죽에도 같은 과정을 반복한다.

3　반죽이 담긴 틀을 유산지를 깐 베이킹 트레이에 올리고 발효 작업 전까지 냉장고에 보관한다. →

1 퀸아망을 팬닝해 둔 트레이를 꺼내 불이 꺼진 오븐에 넣고 아래 칸에 끓는 물이 담긴 그릇을 넣은 후 5~6시간 동안 발효시킨다. 반죽이 두 배 이상으로 커지고 틀 옆면에 닿을 정도로 부풀어 오르면 발효가 다 된 것이다. 설탕은 축축해 보이는 상태다.

굽기

1 발효된 퀸아망과 물이 담긴 그릇을 오븐에서 꺼낸다. 오븐을 컨벡션 오븐 기준 210℃로 예열한다. 예열하는 동안 퀸아망은 트레이 채로 냉장고에 넣어 반죽의 온도를 낮춘다. 이렇게 하면 굽는 동안 반죽의 모양이 유지된다.

2 예열이 완료되면 냉장고에서 트레이를 꺼내 곧바로 오븐에 넣는다. 210℃에서 5분간 구운 후, 오븐 온도를 160℃로 낮추어 5분간 더 굽는다. 굽는 동안 두 번째 베이킹 트레이에 유산지를 깔아 두고, 옆에는 내열 식힘망을 준비한다.

3 굽기 시작한 지 10분이 된 시점에 트레이를 오븐에서 꺼내 식힘망 위에 놓는다. 오븐 장갑을 끼고 매우 조심스럽게 각 틀을 들어 새 베이킹 트레이에 엎어 놓은 후 틀만 조심스럽게 제거한다. 퀸아망의 바깥층이 틀에 붙어 떨어지지 않을 수 있으므로, 페이스트리에 흠집이 나지 않도록 세심한 주의를 기울인다. 이때 페이스트리는 덜 익고 설탕은 다 녹은 상태이므로 매우 조심해야 한다. 오프셋 스패츌러를 사용해 뒤집은 퀸아망을 다시 조심스럽게 틀 안으로 옮긴다.

4 뒤집어 놓은 퀸아망을 올린 베이킹 트레이를 다시 오븐에 넣어 160℃에서 10~12분간 굽는다. 전체적으로 진한 황갈색이고 중심부만 약간 옅은 색이 되면 완성된 것이다.

5 오븐 장갑을 끼고 꺼낸 퀸아망을 최대한 빠르게 트레이에 엎은 뒤 틀을 제거한다. 퀸아망이 서로 닿지 않도록 주의한다. 설탕이 식으면서 굳어서 서로 단단하게 들러붙을 수 있기 때문이다.

퀸아망은 룬의 페이스트리 중에서는 드물게 유통 기한이 긴 편이다. 오븐에서 꺼낸 지 10분밖에 지나지 않았을 때 먹는 것은 추천하지 않는다. 바삭하고도 쫄깃한 맛을 즐기려면 완전히 식도록 충분히 기다려야 한다.

팽 오 쇼콜라

Pain Au Chocolat

6개분

팽 오 쇼콜라용으로 밀고 잘라 둔
페이스트리 반죽 1회분

약 10g짜리 스틱 초콜릿 12개

달걀 1개 분량의 달걀물

팽 오 쇼콜라는 프랑스 어린이들이 가장 좋아하는 전형적인 간식이다. 음식이 가장 본능적인 추억을 떠올리게 해 준다는 사실을 일깨워 주는 사례다. 룬에서 사람들을 관찰해 보면 많은 사람이 팽 오 쇼콜라를 아침 식사로 즐긴다.

팽 오 쇼콜라는 아침이든 오후 간식이든 야식으로든 행복한 시간을 선사하는 것은 분명하다. 팽 오 쇼콜라는 룬의 고정 메뉴이며, 룬에서 여러 가지로 변형을 시도해 보았던 다양한 기본 페이스트리 중 하나다. 이 레시피 뒤에 룬에서 변형한 3개의 페이스트리가 소개되어 있다.

성형하기 34페이지 참고

발효하기

1　성형한 크루아상을 트레이 위에 팬닝한다. 팬닝해 둔 트레이를 불이 꺼진 오븐에 넣고 아래 칸에 끓는 물이 담긴 그릇을 넣는다. 5~6시간 동안 발효시킨다. 5시간째부터는 반죽이 과발효되지 않도록 중간중간 확인한다.

굽기

1　팽 오 쇼콜라는 가장 만족감을 주는 발효 페이스트리 중 하나다. 구울 준비가 된 팽 오 쇼콜라 반죽은 표면에 광이 없는 부드럽고 폭신한 작은 베개처럼 보인다. 반죽이 이런 상태가 되었다면 크루아상 반죽 레시피를 제대로 숙지한 것이다! 발효가 완료된 팽 오 쇼콜라 트레이와 끓는 물이 담긴 그릇을 오븐에서 꺼내고 컨벡션 오븐 기준 210℃로 예열한다.

2　모가 부드러운 페이스트리 브러시로 달걀물을 조심스럽게 바른다. 나는 윗면의 한쪽 끝에서 다른 쪽 끝까지 길게 쓸어 바르는 방법을 선호한다. 스틱 초콜릿이 보이는 양쪽 끝에는 달걀물을 바르지 않도록 한다.

3　팽 오 쇼콜라를 210℃에서 5분간 구운 후, 오븐 온도를 160℃로 낮추어 16분간 더 굽는다. 오븐 내에 다른 부분보다 온도가 더 높은 부분이 있다면, 마지막 8분은 트레이를 180도 돌려 넣고 굽는다.

4　완성된 팽 오 쇼콜라는 전체적으로 고른 황갈색을 띤다.

팽 오 쇼콜라는 갓 구웠을 때 먹어야 한다. 약 10~15분 동안은 약간 식을 때까지 기다려야 하지만, 이후 한입 베어 물면 다른 차원의 페이스트리를 즐길 수 있다. 초콜릿이 아직 녹아 있는 상태이기 때문이다.

초코 아몬드

Choc Almond

6개분

팽 오 쇼콜라용으로 밀고 잘라 둔
페이스트리 반죽 1회분

약 10g짜리 스틱 초콜릿 6개

아몬드 프랑지판 절반 분량
('필수 재료' 262페이지 참고)

달걀 1개 분량의 달걀물

아몬드 슬라이스

장식용 슈거 파우더

룬의 초창기 시절, 마감 시간이 되면 늘 남은 크루아상이 하나도 없었다. 아몬드 크루아상은 만든 지 하루 지난 크루아상으로 만들어야 하는 데 말이다. 그러나 아몬드 크루아상을 찾는 사람이 너무 많아서, 팽 오 쇼콜라의 가운데에 아몬드 프랑지판을 한 겹 깔고 아몬드 슬라이스를 얹은 후 슈거 파우더를 뿌린 변형 버전을 만들어 보았다. 이 페이스트리는 바로 큰 인기를 끌었다. 클래식한 아몬드 크루아상의 맛을 그대로 지니고 있으면서도 더 가볍고 질감은 마카롱처럼 살짝 쫄깃하다.

성형하기

1. 성형한 크루아상을 트레이 위에 팬닝한다. 팬닝해 둔 트레이를 불이 꺼진 오븐에 넣고 아래 칸에 끓는 물이 담긴 그릇을 넣는다. 5~6시간 동안 발효시킨다. 5시간째부터는 반죽이 과발효되지 않도록 중간중간 확인한다.

팽 오 쇼콜라 레시피에 따라 발효하기 59페이지 참고

아래의 변경 내용을 적용해 팽 오 쇼콜라 레시피에 따라 굽기 59페이지 참고

1. 반죽에 달걀물을 바른 후, 오븐에 넣기 전에 반죽 위에 아몬드 슬라이스를 뿌린다.

2. 오븐에서 꺼낸 후 10분 이상 식힌다. 슈거 파우더를 뿌려서 완성한다.

초코 피스타치오

Choc Pistachio

6개분

팽 오 쇼콜라용으로 밀고 잘라 둔
페이스트리 반죽 1회분

약 10g짜리 스틱 초콜릿 6개

피스타치오와 로즈워터 프랑지판 절반 분량
('필수 재료' 262페이지 참고)

달걀 1개 분량의 달걀물

피스타치오 분태

장식용 슈거 파우더

피스타치오와 초콜릿은 비에누아즈리에 자주 사용되는 조합으로, 에스카르고에서 특히 자주 보인다. 팽 오 쇼콜라에 적용되어도 똑같이 훌륭한 맛을 낸다는 것을 보장할 수 있으니 걱정하지 않아도 된다.

초코 아몬드 레시피에 따라 성형하기 60페이지 참고

팽 오 쇼콜라 레시피에 따라 발효하기 59페이지 참고

아래의 변경 내용을 적용해 팽 오 쇼콜라 레시피에 따라 굽기 59페이지 참고

베이킹용 다크 초콜릿 50g

1 반죽에 달걀물을 바른 후, 오븐에 넣기 전에 반죽 위에 피스타치오 분태를 뿌린다.

2 오븐에서 꺼낸 후 10분 이상 식히고 슈거 파우더를 뿌린다. 마지막으로 다크 초콜릿을 내열 용기에 넣고 녹여서 작은 일회용 짤주머니에 넣고 짤주머니의 끝을 최대한 작게 자른다. 초콜릿이 아직 따뜻한 액체 상태일 때, 슈거 파우더를 뿌린 페이스트리 위에 손목의 스냅을 이용해 재빨리 초콜릿을 흩뿌린다.

3 초콜릿이 굳으면 완성이다.

팽 오 '리즈'

Pain Au 'Reese'

6개분

팽 오 쇼콜라용으로 밀고 잘라 둔
페이스트리 반죽 1회분

피넛버터 프랑지판 절반 분량
('필수 재료' 262페이지 참고)

약 10g짜리 스틱 초콜릿 6개

솔티드 캐러멜 절반 분량
('필수 재료' 264페이지 참고)

달걀 1개 분량의 달걀물

소금을 뿌린 땅콩 분태

장식용 슈거 파우더

베이킹용 다크 초콜릿 50g

초콜릿, 땅콩, 캐러멜은 맛이 없을 수 없는 천상의 조합이다. 룬에서 만든 팽 오 쇼콜라의 이 변형 버전도 예외는 아니다.

성형하기

1　직사각형 모양의 반죽 위쪽 모서리를 따라 피넛버터 프랑지판을 굵게 짠다. 프랑지판 위에 스틱 초콜릿 1개를 올린다. 프랑지판 바로 앞에 솔티드 캐러멜을 가늘게 짠다. 반죽의 위쪽 모서리를 들고 몸 방향으로 말아 온다. 팽 오 쇼콜라를 만들 때와 마찬가지로 마지막 이음매 부분이 반죽의 아래쪽에 위치하도록 한다.

팽 오 쇼콜라 레시피에 따라 발효하기　59페이지 참고

아래의 변경 내용을 적용해 팽 오 쇼콜라 레시피에 따라 굽기　59페이지 참고

1　반죽에 달걀물을 바른 후, 오븐에 넣기 전에 반죽 위에 땅콩 분태를 뿌린다.

2　오븐에서 꺼낸 후 슈거 파우더를 뿌리고 초콜릿을 흩뿌린다. 추상표현주의 화가 잭슨 폴록이 된 것처럼 창의적이고 신나게 초콜릿을 뿌려 보자!

오전 티타임

파리

2010

Paris

공교롭게도 그 운명의 날은 파리에서의 일곱 번째 날이었다. 아름다운 거리들을 혼자 돌아다니다가, 파리 여행을 결심한 계기가 된 사진 속 베이커리를 방문해 보기로 마음먹었다. 뒤 팽 에 데지데는 10구에 있는 아름답게 복원된 건물에 위치한 베이커리였다.

베이커리에 들어섰던 그 순간은 모든 감각을 강타하는 행복감의 향연이라는 말로밖에는 설명할 수 없다. 버터와 고소한 밀가루 냄새가 거리의 중간쯤부터 나긴 했지만, 짙은 버터 향이 가득한 베이커리 안의 공기는 현실을 초월하는 것 같았다. 기대감은 한층 더 높아졌고, 내 눈은 수많은 빵 중에 무엇을 먼저 보아야 할지 몰라 방황했다. 그러나 시선은 곧 팽 오 쇼콜라에서 멈췄다.

거기 입체적이고 찬란한 아름다움을 내뿜으면서 황금빛 겹겹의 층과 완벽한 구성미를 갖춘 페이스트리들이 그림이 아니라 실제 현실 세계에 있었다. 아름다운 페이스트리들이 의기양양한 모습으로 함께 모여 눈이 휘둥그레지는 기쁨을 선사하기 위해 기다리고 있었다. 좌우를 살핀 후 식힘대에 예술적으로 쌓여 있는 각종 크루아상을 바라보았다. 다양한 종류의 에스카르고, 쇼송 오 폼므, 수량이 아니라 무게 단위로 판매하는 크러스트가 두꺼운 거대한 빵 등이 있었다.

얼마나 시간이 흘렀는지 마침내 정신을 차려보니 판매 담당 직원이 나를 보고 웃고 있었다. 왜 이 가게에 들어오게 되었는지 어설프게 설명하려고 하자 직원은 곧 안으로 들어가더니 한 신사를 데려와 소개했다. 가게의 설립자이자 주인인 크리스토프 바세르였다. 크리스토프는 호주에 머물렀던 경험이 있었고 영어를 잘 구사했다.

내가 그의 특별한 베이커리에 대해 장황한 이야기를 늘어놓는 동안 그는 친절하게 나의 이야기를 들어 주었고, 가게를 나설 때 페이스트리 몇 개를 주었다. 그리곤 몽마르트르의 계단에서 파리를 굽어보며 각 페이스트리를 조금씩 맛보았다. 거기 앉아서, 그 순간이 내 삶에서 중요한 순간이었음을 상상도 못 한 채로 말이다.

다음날 프랑스 남서부의 작은 호텔에서 크리스토프에게 그 페이스트리들에 감사하는 이메일을 썼다. 그리고 이번에도 역시 용기를 내어 물었다. 무급 인턴으로라도 써주지 않겠냐고 말이다. 답장이 바로 왔다.

"그럼요, 당신 같은 열정적이고 의욕적인 사람이라면 충분히 가능합니다."

레몬 커드 크러핀

Lemon Curd Cruffin

6~8개분

완성된 크러핀 6~8개

레몬 설탕 200g

레몬 커드 300g

장식용 설탕에 조린 레몬 제스트

크러핀의 역사는 '오후 티타임' 장에서 자세히 다룰 예정이다. 지금 여기서 알아야 할 것은 레몬 커드 크러핀이 룬을 빛낸 모든 크러핀 중 가장 인기 있다는 점이다. 레몬 커드 크러핀은 입맛을 다시게 하는 레몬 커드의 신맛과 이에 균형을 잡아 주는 풍부한 버터 맛의 페이스트리가 완벽하게 조화를 이루는 이상적인 오전 간식이다.

아래 레몬 커드 레시피로 만들어지는 커드의 분량은 크러핀에 필요한 양보다 많다. 커드는 살균한 용기에 담아 냉장고에서 꽤 오랫동안 보관할 수 있으므로, 언제든 사용할 수 있도록 여분을 가지고 있는 것도 나쁘지 않다. 다음의 모든 재료는 적어도 하루 전에 만들어 놓아야 한다.

레몬 커드

노른자 200g

정제 설탕(매우 고운 것) 320g

레몬즙 200g

레몬 2개 분량의 제스트

깍둑썰기한 실온의 버터 320g

1 중간 크기의 냄비에 물을 3분의 1 정도 채운다. 물이 끓은 뒤에도 계속 보글보글 끓도록 불을 줄인다. 물이 끓는 동안 중간 크기의 내열 용기에 노른자와 설탕을 넣고 휘젓는다. 레몬즙과 레몬 제스트를 넣고 휘저어 섞는다. 마지막으로 깍둑썰기한 버터를 넣는다. 물이 보글보글 끓고 있는 냄비 위에 내열 용기를 얹고 중탕하며 커드를 만든다. 용기의 바닥이 직접 물에 닿지 않도록 주의한다. 커드를 자주 저어 준다. 용기의 옆면을 아래로 긁어내리고, 용기 바닥에서부터 커드를 휘저어 달걀의 노른자가 스크램블이 되지 않도록 한다.

2 완전히 식힌 후 작은 일회용 짤주머니에 커드 300g을 옮기고, 나머지는 살균한 용기에 넣는다. 냉장고에 보관한다.

레몬 설탕

레몬 2개

정제 설탕(매우 고운 것) 200g
그리고 약간의 여분

1 마이크로플레인Microplane사의 제스터로 레몬 제스트를 만든다. 레몬 껍질을 완전히 제거한다. 설탕 200g을 볼에 담고 설탕과 제스트를 손가락으로 문질러 레몬 껍질의 기름이 나오도록 한다. 설탕에 제스트의 향이 스며들도록 둔다.

2 크러핀이 완성 단계에 다다르면 설탕을 체에 거른다. 설탕은 약간 덩어리지고 축축하게 느껴질 것이다. 레몬 향이 밴 설탕이 순수한 설탕의 질감과 비슷해질 때까지 풀어지도록 여분의 설탕을 조금씩 추가한다.

설탕에 조린 레몬 제스트

레몬 4개

물 250g

정제 설탕(매우 고운 것) 250g

1 제스터(마이크로플레인이 아닌 것)를 사용해 레몬 껍질을 길고 가늘게 벗긴다.

2 냄비에 물과 설탕을 넣고 섞은 후 설탕이 녹을 때까지 저어 가며 끓여 시럽을 만든다. 끓고 있는 설탕 시럽에 레몬 제스트를 넣고, 혼합물이 겨우 끓을 정도로 불을 낮춘다. 냄비 뚜껑을 닫고 제스트가 부드럽고 달콤해질 때까지 15분간 끓인다. 제스트가 아직 쓰거나 약간 질기다면 계속 끓이면서 15분마다 한 조각씩 상태를 확인해 본다.

3 설탕에 조린 레몬 제스트는 시럽에 든 채로 밀폐 용기에 넣어 냉장고에 보관한다. →

1 오븐에서 꺼낸 크러핀은 틀을 제거한 상태로 식힘망에서 5분 이상 식힌다.

2 다음으로, 크러핀에 레몬 설탕을 입혀야 한다. 이 과정은 크러핀을 틀에서 꺼낸 지 5분 정도 지나 아직 따뜻할 때 진행해야 한다. 아니면 설탕이 크러핀에 들러붙지 않는다. 중간 크기의 볼에 설탕을 넣고 크러핀을 한 번에 하나씩 조심스럽게 넣어 뒤적인다. 크러핀을 돌려 가며 설탕을 골고루 묻힌 후 여분은 털어 낸다. 레몬 설탕을 묻힌 크러핀은 다시 식힘망 위에 놓는다. 다음 단계로 진행하기 전 20분간 식힌다.

3 작은 과도로 크러핀 윗면의 중앙 부분에 수직으로 과도를 넣어 칼집을 낸다. 끝까지 관통하지 않도록 주의한다. 이 칼집에 짤주머니를 찔러 넣어 레몬 커드를 채우게 된다.

4 디지털 저울에 크러핀 하나를 놓고 영점을 맞춘다. 짤주머니의 끝부분을 잘라 3~4mm 크기의 구멍을 낸다. 이제 크러핀의 윗부분을 망가뜨리지 않도록 주의하면서 짤주머니 끝을 칼집에 가능한 한 깊이 집어넣고 크러핀에 레몬 커드를 채운다. 무게가 35~40g이 되면 멈춘다.

5 크러핀의 꼭대기에 커드로 작은 방울을 만들어 마무리한다.

6 마지막으로 커드 방울 위에 설탕에 조린 레몬 제스트를 2~3조각 얹어 장식한다.

코코넛 퀸아망

Coconut Kouign-Amann

6개분

지름 11cm짜리 스프링폼 틀 6개
(55페이지의 퀸아망 레시피에 따라
틀을 준비한다.)

밀어 놓은 반죽 1회분
(35페이지 데니시용 반죽 레시피에서
11×11cm짜리 정사각형 6개를 표시한 단계까지
진행하되 안쪽 칼집은 넣지 않은 상태)

코코넛 캐러멜 300g

황설탕 시럽 100g

원당

룬에서 개발한 이 페이스트리는 '아침' 장에 실린 퀸아망이 소용돌이 형태인 것과 달리 퀸아망의 원형을 그대로 따른다. 이 페이스트리는 룬의 재능 있는 필리핀계 파티시에가 낸 아이디어에서 영감을 받아 만들었다.

필리핀에는 판 데 코코pan de coco라는 전통 음식이 있다. 가당 코코넛 과육을 갈아 만든 필링을 흰 롤빵에 넣어 만든 간식이다. 이 퀸아망의 변형 버전에는 코코넛 캐러멜을 넣어 씹는 즐거움을 배가시켰으며, 황설탕 시럽은 당밀처럼 달콤쌉싸름하고 깊은 풍미를 더해준다.

코코넛 캐러멜

정제 설탕(매우 고운 것) 110g

코코넛 크림 75g

버터 45g

소금 2g

잘게 간 건조 코코넛 75g

1 깨끗한 작은 냄비를 중불에 올린다. 냄비가 달궈지면 약간의 설탕을 조금씩 뿌려 넣고, 녹을 때까지 기다렸다가 약간의 설탕을 또 뿌려 넣는다. 매번 먼저 넣은 설탕이 완전히 녹을 때까지 기다렸다가 설탕을 추가한다. 설탕이 다 녹고 고르게 캐러멜화되어 짙은 갈색을 띠면 냄비를 불에서 내리고, 천천히 코코넛 크림을 부어 넣으며 계속 젓는다. 코코넛 크림 전량을 넣은 후, 버터와 소금을 넣고 거품기로 잘 섞는다. 마지막으로 건조 코코넛을 넣고 젓는다.

2 완전히 식으면 짤주머니로 옮긴다. 코코넛 캐러멜은 미리 만들어 냉장 보관할 수 있다.

황설탕 시럽

황설탕 200g

물 100g

1 황설탕과 물을 모두 냄비에 넣고 섞은 후 불에 올려 설탕이 완전히 녹을 때까지 계속 저어 가며 끓인다. 시럽이 보글보글 끓으면 불에서 내려 완전히 식힌 후 용기에 옮겨 담아 냉장고에 보관한다. 꾹 누르면 시럽이 나오는 용기인 스퀴즈 보틀이 있다면 식은 시럽을 바로 보틀에 담아 사용하면 편리할 것이다.

성형하기

1 코코넛 캐러멜이 든 짤주머니의 끝부분을 잘라 4mm의 구멍을 낸다. 정사각형의 페이스트리 반죽 위에 코코넛 캐러멜을 짜서 마름모꼴을 그린다. 마름모의 각 꼭짓점은 반죽 각 변의 중간 지점에 오도록 한다. 이제 마름모를 캐러멜로 채운다. 6개의 반죽에 같은 과정을 반복한다.

2 반죽의 각 모서리를 조심스럽게 중앙부로 접어 올려 코코넛 캐러멜을 완전히 감싼 꾸러미 형태가 되도록 한다. 꾸러미의 양면을 원당이 담긴 그릇에 담가 반죽에 원당을 골고루 묻힌다. 마지막으로 준비해 둔 틀 한가운데에 반죽을 놓고 이음매 부분이 아래로 가도록 한다.

3 베이킹 트레이에 반죽이 든 틀을 배열하고 발효하기 전까지 냉장고에 보관한다. →

발효하기	**1** 코코넛 퀸아망을 팬닝해 둔 트레이를 불이 꺼진 오븐에 넣고 아래 칸에 끓는 물이 담긴 그릇을 넣은 후 5~6시간 동안 발효시킨다. 반죽이 두 배 이상으로 커져 틀 옆면에 닿을 정도로 부풀어 오르면 발효가 다 된 것이다.

굽기	**1** 오븐에서 트레이와 끓는 물이 담긴 그릇을 꺼내고, 컨벡션 오븐 기준 210℃로 예열한다.
	2 황설탕 시럽이 든 스퀴즈 보틀을 사용해 반죽과 틀 사이의 틈에 시럽을 약 15g 정도 짜 넣는다.
	3 55페이지의 퀸아망 레시피에 따라 굽는다.

퀸아망과 마찬가지로, 코코넛 퀸아망은 그대로 두어 식히는 시간이 길어질수록 맛이 좋아진다. 캐러멜과 설탕이 식어 단단해지면서 변형된 식감은 이 페이스트리가 선사하는 여러 즐거움 중 하나다. 시간이 지날수록 맛있어지므로 굽자마자 바로 베어 물지 말고 조금 기다려야 한다.

피칸 스티키 번

Pecan Sticky Bun

6개분

유지를 바르고 유산지를 깐
지름 11cm짜리 스프링폼 틀 6개

에스카르고용으로 밀고 잘라 둔
페이스트리 반죽 1회분

버터스카치 소스 300g

볶은 피칸 반태 120g

볶은 피칸 가루 100g

브라운 버터 200g

시나몬 설탕 200g

달걀 1개 분량의 달걀물

룬에서는 각각의 피칸 스티키 번을 개별 틀에 넣어 굽는다. 그러나 보편적으로, 한 판 분량의 스티키 번은 크고 깊은 트레이 하나에 넣어 발효하고 굽는다. 개별 틀을 구할 수 없다면 약 30×20cm의 깊은 트레이나 오븐용 접시를 사용해도 무방하다. 개별 틀을 사용할 때의 방법에 따라 트레이를 준비하면 된다. 성형한 반죽은 트레이에 고르게 배열한다. 반죽이 균일하게 발효되고 구워져야 하기 때문이다. 또한 번이 속까지 완전히 익도록 굽는 시간을 10~15분 정도 늘려야 한다.

버터스카치 소스

바닐라 4g

메이플 시럽 135g

황설탕 45g

버터 180g

크림 135g

천일염 한 꼬집

미리 준비하기

1　바닐라, 메이플 시럽, 황설탕, 버터, 소금을 냄비에 넣고 휘저으며 끓인다. 혼합물이 냄비 벽에서 떨어지고 숟가락 뒷면에 두껍게 들러붙기 시작할 때까지 끓인다. 마지막으로 크림을 넣고 유화될 때까지 휘젓는다. 완전히 식힌 후 짤주머니로 옮긴다.

2　버터스카치 소스는 반드시 미리 만들어 냉장 보관해야 한다.

브라운 버터

버터 200g

미리 준비하기

1　버터의 온도를 내리기 위한 얼음물을 준비한다. 크기가 약간 다른 볼 2개가 필요하다. 큰 볼에 얼음을 담고 그 위에 작은 볼을 얹는다.

2　작은 냄비에 버터를 넣고 중불에 올려 향이 나고 색이 진해질 때까지 자주 저어 가며 녹인다. 이 과정에서는 브라운 버터를 요리에 활용할 수 있도록 앞서 길을 닦아 놓은 정통 프랑스 요리사들에 대한 신뢰와 약간의 용기가 필요하다. 과감해져라. 생각보다 더 과한 상태까지 진행해야 한다.

3　냄비를 불에서 내려 갈색이 된 버터를 얼음 위의 볼에 붓는다. 계속 젓는다. 버터가 약간 식고 아직 액체 상태일 때 체에 걸러 용기에 담고 필요할 때까지 냉장 보관한다.

시나몬 설탕

정제 설탕(매우 고운 것) 200g

황설탕 200g

시나몬 가루 2g(약 1티스푼)

1　모든 재료를 한데 섞고 시나몬 가루가 골고루 퍼지도록 잘 휘젓는다. 이 레시피의 분량은 피칸 스티키 번에 필요한 양보다 많지만, 밀폐 용기에 넣으면 오래 보관할 수 있다. →

성형하기

1 유지를 바르고 유산지를 깐 스프링폼 틀에 식혀 둔 버터스카치 소스 40g을 바른다. 버터스카치 소스는 굳어서 페이스트처럼 된 상태여야 한다.

2 각 틀의 버터스카치 소스 위에 볶은 피칸 반태 20g을 뿌린다. 피칸 반태는 그대로 사용해도 되지만, 굵게 다져서 사용하는 편을 선호한다. 이제 틀에 피칸 가루 1티스푼을 뿌린다.

3 냉장고에서 브라운 버터를 꺼내 전자레인지에 넣고, 뻑뻑한 마요네즈 같은 질감이 될 때까지 중간중간 저어 가며 10초씩 여러 번 돌린다. 버터를 완전히 녹이지 않도록 주의한다.

4 페이스트리 브러시로 긴 반죽 6개에 브라운 버터를 빠짐없이 얇고 고르게 바른다. 이제 브라운 버터 위에 시나몬 설탕을 뿌리되, 아래쪽 끝 3cm는 설탕이 묻지 않은 채로 남겨 둔다. 마지막으로 피칸 가루를 얇게 뿌려 설탕을 덮는다. 이번에도 끝의 3cm는 덮지 않고 남긴다.

5 반죽을 몸에서 먼 쪽에서부터 몸쪽으로 조심스럽게 말아 올린다. 힘을 거의 주지 않고 가볍게 말아서, 설탕과 피칸 가루를 뿌리지 않은 지점 바로 앞에서 멈춘다. 이제 반죽의 꼬리 부분을 방금 만든 소용돌이 모양 밑에 끼워 넣는다. 끼워 넣은 꼬리가 위를 향하도록 반죽을 틀에 넣는다. 나머지 반죽에도 같은 과정을 반복한다.

6 모든 번의 성형이 끝났다면, 6개의 틀을 베이킹 트레이에 올리고 발효하기 전까지 냉장고에 보관한다.

발효하기

1 피칸 스티키 번을 팬닝해 둔 트레이를 불이 꺼진 오븐에 넣고 아래 칸에 끓는 물이 담긴 그릇을 넣은 후 5~6시간 동안 발효시킨다. 반죽이 2~3배 이상으로 커져 틀 옆면에 닿을 정도로 부풀어 오르면 구울 준비가 된 것이다. 설탕은 살짝 녹은 상태다.

굽기

1 발효된 번과 물이 담긴 그릇을 오븐에서 꺼낸다. 오븐을 컨벡션 오븐 기준 210℃로 예열한다.

2 번에 달걀물을 거칠게 발라도 좋다. 달걀물을 적신 페이스트리 브러시의 넓적한 부분으로 반죽에 끼워 넣은 꼬리 부분을 강하게 누른다. 달걀물을 풀처럼 이용해 붙인다고 생각하면 쉽다. 이 면은 밖으로 보이는 부분이 아니므로 어느 방향으로 붓질할지 너무 고민하지 않아도 된다.

3 번을 210℃에서 5분간 구운 후, 오븐 온도를 160℃로 낮추어 색을 관찰하며 16분간 더 굽는다. 오븐 내에 다른 부분보다 온도가 더 높은 부분이 있다면, 마지막 몇 분은 트레이를 180도 돌려 넣고 굽는다. 오븐에서는 캐러멜과 견과류 냄새가 강하게 나고, 버터스카치 소스가 옆면에서 보글거리는 것이 보일 것이다.

4 이 시점이 되면 식힘망과 유산지를 깐 깨끗한 베이킹 트레이를 준비해 둔다.

5 타이머가 울리면 오븐에서 트레이를 꺼내 식힘망 위에 놓는다. 캐러멜이 망가지지 않도록 주의하면서 오븐 장갑을 끼고 각각의 번을 한 번의 신속한 동작으로 깨끗한 트레이 위에 뒤집어 놓는다. 피칸이 제자리에 고정되어야 하므로 뒤집어 놓은 번에서 틀을 제거하지 않은 채로 2분간 기다린다.

6 이 2분 동안 여분의 버터스카치 소스를 녹인다. 작은 냄비를 중불에 올려 데우거나, 혹은 전자레인지에서 중간중간 저어 주며 짧게 여러 번 돌려서 소스가 녹기만 하고 갈라지지는 않을 정도로 데운다.

7 마지막으로 따뜻한 피칸 스티키 번에 녹여 둔 버터스카치 소스를 뿌린다.

데니시

Danishes

룬에서는 두 종류의 데니시를 만든다. 둘 중 더 클래식한 스타일의 데니시는 페이스트리 반죽을 발효한 후 필링을 채워 굽는다. 두 번째 스타일은 블라인드 베이킹을 한 데니시이다. 블라인드 베이킹은 속 재료가 들어가기 전에 페이스트리만 먼저 초벌로 구워 내는 과정을 말한다. 두 번째 스타일의 데니시는 초창기 룬 랩Lune Lab의 디저트로 개발된 것이다. 룬에서는 이 데니시를 구울 때 정사각형의 실리콘 몰드를 사용한다. 데니시는 타르트 셸tart shell의 역할을 하며, 데니시를 먼저 굽고 난 이후에 필링을 채우고 장식한다. 이 방식은 익히지 않고 생으로 먹어야 더 맛있는 과일을 사용하는 베이킹에 적합하다.

나파주nappage란 글레이즈의 일종으로, 일반적으로 살구잼을 이용해 만든다. 잼을 물로 희석해 농도를 묽게 하고 살구 과육은 제거한 것이다.

여기서 여러 가지 데니시 레시피를 소개하고 있지만, 데니시를 성형 및 발효하고 굽는 과정을 일단 숙지하고 나면 상상할 수 있는 모든 맛의 조합을 적용할 수 있다. 심지어 여기서 소개하는 레시피들을 섞어서 시도할 수 있다. 예를 들어 마르멜로와 루바브는 상호 대체가 가능하다. 아래에 깔린 커스터드와 프랑지판이 단단히 지지해 주기 때문이다.

성형하기 35페이지 참고

발효하기

1　데니시 반죽을 팬닝해 둔 트레이를 불이 꺼진 오븐에 넣고 아래 칸에 끓는 물이 담긴 그릇을 넣은 후 4~5시간 동안 발효시킨다. 반죽은 최소한 2배 이상으로 부풀어야 한다.

굽기

1　컨벡션 오븐 기준 210℃로 예열된 오븐에 데니시 반죽을 넣는다. 210℃에서 5분간 구운 후, 오븐 온도를 160℃로 낮추어 12분간 더 굽는다. 트레이를 돌려 넣고 마지막으로 4분간 더 굽는다. 데니시 6개 모두 고르게 색이 나는지 확인한다.

마무리하기

1　데니시를 오븐에서 꺼내자마자 나파주를 바른다. 나파주는 따뜻하고 브러시로 바를 수 있는 농도여야 한다. 나파주를 미리 만들어 냉장고에 보관했다면 작은 냄비에 옮겨 스패츌러로 저어 가며 데운다. 약간 묽게 만들기 위해 물을 조금 넣어야 할 수도 있다. 일반적으로 데니시의 경우 나파주는 페이스트리와 과일 모두에 바른다.

2　갓 구운 데니시에는 겉으로 드러난 페이스트리 부분에만 나파주를 바른다. 블라인드 베이킹한 데니시에는 페이스트리 전체에 나파주를 바른다.

아직 따뜻할 때 먹는 데니시는 인생의 큰 선물 중 하나다.

구운 마르멜로와 바닐라 데니시

Baked Quince And Vanilla Danish

6개분

데니시용으로 밀고 잘라 둔
페이스트리 반죽 1회분

졸인 마르멜로

바닐라 크렘 파티시에르
('필수 재료' 263페이지 참고)

달걀 1개 분량의 달걀물

나파주('필수 재료' 265페이지 참고)

졸인 마르멜로

물 1kg

화이트 와인 800g

정제 설탕(매우 고운 것) 2kg

4등분한 레몬 1개

씨를 긁어낸 바닐라 꼬투리 1개

팔각 1개

타임 2~3줄기

껍질을 벗기고 4등분한 마르멜로 2개
(껍질과 심은 보관해 둘 것)

하루 전에 준비하기

1 크고 깊은 냄비에 물, 화이트 와인, 설탕, 향신료, 마르멜로의 껍질과 심을 넣고 끓인다. 시럽이 끓기 시작하면 4등분한 마르멜로를 넣는다. 카르투슈cartouche(스튜, 소스, 수프 등의 표면을 덮을 용도로 만든 덮개)로 냄비를 덮고 뭉근한 불로 줄여 4시간에서 6시간 동안 조리한다. 마르멜로가 너무 물러지면 안 되므로 4시간째부터는 마르멜로의 상태를 자주 확인한다. 마르멜로가 오렌지색이 되면 불에서 내린다.

2 시럽 안에 마르멜로를 그대로 둔 채로 하룻밤 둔다. 마르멜로는 계속 익으면서 색이 어두워질 것이다. 완성된 마르멜로 과육은 밀폐 용기에 시럽과 함께 담아 냉장고에 보관한다.

오븐에 넣기 전 준비하기

1 발효된 데니시와 물이 담긴 그릇을 오븐에서 꺼낸다. 오븐을 컨벡션 오븐 기준 210℃로 예열한다.

2 마르멜로를 준비한다. 4등분한 마르멜로 조각 6개를 시럽에서 건져서 키친타월에 올려 여분의 시럽을 흡수시킨다. 시럽이 어느 정도 제거되면 마르멜로를 조심스럽게 도마로 옮기고, 약 3mm 두께의 슬라이스로 잘라 그대로 잠시 둔다.

3 각 데니시의 빈 정사각형 공간에 바닐라 크렘 파티시에르를 두껍게 한 겹 파이핑한다. 오프셋 스패출러를 마르멜로 한 조각 분량의 슬라이스 조각들 아래로 미끄러지듯 집어넣고 손가락으로 부드럽게 눌러 조각들이 펼쳐지게 한다. 오프셋 스패출러로 마르멜로 조각들을 그대로 조심스럽게 들어 올려 바닐라 크렘 파티시에르 위에 올린다. 마르멜로 조각이 데니시의 정사각형 공간보다 크다면 조각의 끝부분을 데니시의 가장자리 안쪽으로 부드럽게 찔러 넣는다.

4 마지막으로 모가 부드러운 페이스트리 브러시로 데니시의 가장자리와 옆면에 조심스럽게 달걀물을 바른다. 페이스트리의 라미네이션을 가로지르지 말고 같은 방향으로 붓질한다.

굽기 및 마무리하기 83페이지 참고

루바브 베이크웰 데니시

Rhubarb Bakewell Danish

6개분

데니시용으로 밀고 잘라 둔
페이스트리 반죽 1회분

졸인 루바브

아몬드 프랑지판
('필수 재료'. 262페이지 참고)

달걀 1개 분량의 달걀물

나파주('필수 재료' 265페이지 참고)

졸인 루바브

정제 설탕(매우 고운 것) 250g

물 250g

레몬 껍질

잎을 제거하고 세척한 루바브 1다발

1 오븐을 컨벡션 오븐 기준 160℃로 예열한다.

2 설탕, 물, 레몬 껍질을 작은 냄비에 넣고 중불에 끓인다. 설탕이 잘 녹도록 저어 준다.

3 시럽을 끓이는 동안 자를 이용해 루바브 1개를 6cm 길이로 자른다. 이 루바브 조각을
견본으로 삼아 나머지 루바브도 전부 6cm 길이로 자른다. 각 줄기에서 6cm가 되지 않는
자투리 조각이 나올 것이다. 이 조각들은 버리지 말고 다른 요리에 활용해도 좋다.

4 약간 깊은 베이킹 트레이에 6cm짜리 루바브 조각들을 한 겹 깐다. 루바브 위에 시럽을
뿌린다.

5 트레이를 알루미늄 포일로 꼼꼼히 덮고 예열한 오븐에 넣는다. 루바브는 놀라울 정도로
빨리 익으므로 자리를 비우지 않아야 한다. 루바브는 다 익되 형태는 유지하고 있어야 한다.
10분 뒤 오븐에서 루바브를 꺼내 포크로 찔러본다. 포크가 잘 들어가면 완성된 것이다. 포크로
찔렀을 때 약간의 저항감이 느껴지면 다시 포일을 덮어 5분 더 굽는다.

6 루바브가 다 익으면 조심스럽게 얕은 용기에 옮겨 넣는다. 서로 겹치지 않게 한 층으로 넣고
시럽을 붓는다. 사용 전까지 냉장고에 보관한다.

오븐에 넣기 전 준비하기

1 발효된 데니시와 물이 담긴 그릇을 오븐에서 꺼낸다. 오븐을 컨벡션 오븐 기준 210℃로
예열한다.

2 루바브를 준비한다. 데니시 1개에는 졸인 루바브 3~4개가 들어간다. 보관 용기에서 최대
24개의 루바브 조각을 꺼내 키친타월에 올려 여분의 시럽을 흡수시킨다. 루바브의 크기에 따라
3~4조각씩 모아서 늘어놓으면 데니시에 배열할 때 편리하다. 루바브 조각으로 6×6cm 크기의
정사각형을 만들면 된다.

3 각 데니시의 빈 정사각형 공간에 아몬드 프랑지판을 한 겹 파이핑한다. 오프셋 스패출러로
루바브 서너 조각을 조심스럽게 들어 올려 프랑지판 위에 단정하게 올린다.

4 마지막으로 모가 부드러운 페이스트리 브러시로 데니시의 가장자리와 옆면에 조심스럽게
달걀물을 바른다. 페이스트리의 라미네이션을 가로지르지 말고 같은 방향으로 붓질한다.

굽기 및 마무리하기 83페이지 참고

데니시 베리에이션

초콜릿 자두 사케 데니시

Chocolate Plum Sake Danish

6개분

데니시용으로 밀고 잘라 둔
페이스트리 반죽 1회분

밀가루를 넣지 않은 초콜릿 케이크

구운 자두

사케 글레이즈

달걀 1개 분량의 달걀물

구운 자두

씨를 제거하고 2등분한 자두 4개

황설탕 100g

사케 50g

팔각 1개

1 오븐을 컨벡션 오븐 기준 160℃로 예열한다.

2 로스팅 트레이에 자두의 잘린 단면이 아래로 가도록 놓는다. 자두 위에 황설탕을 뿌리고
사케를 흩뿌린다. 트레이에 팔각을 놓는다. 오븐에 트레이를 넣고 10분간 구운 뒤 자두의
상태를 확인한다. 자두는 부드러워야 하지만, 데니시 안에 넣어 한 번 더 구울 것이므로 형태는
유지하고 있어야 한다. 원하는 정도로 자두가 구워지면 자두와 시럽을 밀폐 용기로 옮겨 담아
냉장고에 보관한다.

3 이 레시피의 자두 양은 데니시 6개에 필요한 분량보다 많다. 그러므로 두 조각까지는
원하는 정도보다 더(혹은 덜) 구워졌어도 괜찮다. 남은 자두는 다른 요리에 활용할 수 있다.

밀가루를 넣지 않은 초콜릿 케이크

버터 100g

베이킹용 다크 초콜릿 90g

코코아 파우더 8g

흰자와 노른자를 분리한 달걀 2개

정제 설탕(매우 고운 것) 110g

아몬드 가루 100g

1 버터, 다크 초콜릿, 코코아 파우더가 담긴 냄비를 약불에 올린다. 계속 저어 가며 2~3분간
재료가 완전히 녹아 잘 섞일 때까지 조리한다. 불에서 내려 약간 식힌다.

2 노른자와 설탕을 볼에 넣고 휘스크를 끼운 스탠드 믹서로 걸쭉한 크림처럼 될 때까지 5분간
휘핑한다. 휘핑한 혼합물을 믹싱볼로 옮기고, 스탠드 믹서용 볼과 휘스크는 세척 후 완전히
말린다. 물기가 없는 스탠드 믹서용 볼에 흰자를 넣고 부드러운 뿔이 생길 때까지 휘핑한다.

3 노른자와 설탕 혼합물에 약간 식은 초콜릿 혼합물과 아몬드 가루를 넣는다. 숟가락이나
스패출러로 잘 섞는다. 마지막으로 큰 금속 재질의 숟가락으로 휘핑해 둔 흰자를 조심스럽게
초콜릿 혼합물에 떠 넣어 섞는다. 흰자 속의 공기를 꺼트리지 않도록 주의한다. 같은 과정을
반복해 나머지 흰자를 전부 섞어 넣는다. 완성된 케이크 반죽을 조심스럽게 짤주머니로 옮겨
넣고 필요할 때까지 실온에 보관한다. →

셰프의 노트 이 레시피에는 품종에 관계없이 어떤 자두든 사용할 수 있다. 룬에서는 피자두를 사용한다.

1   발효된 데니시와 물이 담긴 그릇을 오븐에서 꺼낸다. 오븐을 컨벡션 오븐 기준 210℃로 예열한다.

2   자두를 준비한다. 데니시 1개에는 2등분한 자두 조각 1개가 들어간다. 보관 용기에서 가장 상태가 좋은 자두 조각 6개를 꺼내 키친타월에 올려 여분의 시럽을 흡수시킨다. 자두를 보관했던 시럽은 따로 둔다.

3   각 데니시의 빈 정사각형 공간에 밀가루를 넣지 않은 초콜릿 케이크 반죽을 1cm 두께로 한 겹 파이핑한다. 오프셋 스패출러로 자두 조각 하나를 조심스럽게 들어 올려 초콜릿 케이크 반죽 위로 옮긴다. 자두의 잘린 단면이 아래를 향하도록 한다.

4   마지막으로 모가 부드러운 페이스트리 브러시로 데니시의 가장자리와 옆면에 조심스럽게 달걀물을 바른다. 페이스트리의 라미네이션을 가로지르지 말고 같은 방향으로 붓질한다.

사케 글레이즈
나파주 대체

자두 시럽(자두를 굽고 남은 것)

사케

1   보관해 두었던 자두 시럽을 작은 냄비에 담아 뭉근히 끓인다. 사케 1테이블스푼을 넣는다. 취향에 따라 더 많이 넣어도 무방하다. 글레이즈의 농도가 되도록 살짝 졸인다.

굽기 및 마무리하기 83페이지 참고

블라인드 베이킹 데니시

Blind-baked Danishes

6cm짜리 정사각형 실리콘 몰드
달걀 1개 분량의 달걀물

블라인드 베이킹을 하는 데니시는 굽고 마무리하는 과정이 일반적인 데니시와는 약간 다르다. 모든 블라인드 베이킹 데니시는 먼저 데니시 셸을 굽는 과정을 거친다. 이후 채워 넣는 필링에 따라 데니시의 종류가 달라진다.

성형하기 35페이지 참고

발효하기 83페이지 참고

굽기

1 발효된 데니시와 물이 담긴 그릇을 오븐에서 꺼낸다. 오븐을 컨벡션 오븐 기준 210℃로 예열한다.

2 각 데니시의 가운데에 정사각형 실리콘 몰드를 놓고, 몰드에 쌀이나 누름돌을 반쯤 채운다. 모가 부드러운 페이스트리 브러시로 데니시의 가장자리와 옆면에 조심스럽게 달걀물을 바른다. 페이스트리의 라미네이션을 가로지르지 말고 같은 방향으로 붓질한다.

3 210℃에서 5분간 구운 후, 오븐 온도를 160℃로 낮추어 12분간 더 굽는다. 트레이를 돌려 넣고 마지막으로 4분간 더 굽는다. 데니시 6개 모두 고르게 색이 나는지 확인한다.

4 오븐에서 데니시를 꺼낸 후 조심스럽게 실리콘 몰드를 제거한다. 완전히 식힌다.

딸기 미소 데니시

Strawberry Miso Danish

6개분

앞의 방법에 따라 블라인드 베이킹한
데니시 셸 6개

미소 크렘 디플로마

꼭지를 따고 얇게 슬라이스한 딸기 250g

빻은 흑후추

나파주('필수 재료' 265페이지 참고)

미소 캐러멜 커스터드

미소 된장 75g

크림 500g

정제 설탕(매우 고운 것) 200g과
커스터드용 25g

노른자 100g

불려 둔 판 젤라틴 2장

1　오븐을 컨벡션 오븐 기준 150℃로 예열하고 베이킹 트레이에 유산지를 깐다. 미소 된장을 얇고 고르게 한 겹 바르고 미소의 양에 따라 5~10분 굽는다. 미소가 타면 안 되고 살짝 구운 느낌만 나야 한다. 윗면의 색이 진해지고 가장자리 주변으로 미소가 캐러멜화될 때까지 기다린다. 오븐에서 꺼내 식도록 한쪽에 둔다.

2　냄비에 크림을 붓고 끓인다. 크림이 끓기 시작하면 바로 불에서 내린다.

3　깨끗하고 물기가 없는 냄비를 중불에 올린다. 냄비가 달궈지면 약간의 설탕을 조금씩 뿌려 넣고, 녹을 때까지 기다렸다가 약간의 설탕을 또 뿌려 넣는다. 매번 먼저 넣은 설탕이 완전히 녹을 때까지 기다렸다가 설탕을 추가한다. 설탕이 다 녹고 고르게 캐러멜화되어 짙은 갈색을 띠면 냄비를 불에서 내리고, 천천히 뜨거운 크림을 부어 넣으며 계속 젓는다. 미소 페이스트를 넣고 잘 섞이도록 젓는다.

4　노른자와 커스터드용 설탕 25g을 볼에 넣고 휘젓는다. 따뜻한 미소 캐러멜을 넣고 잘 섞이도록 젓는다. 이제 이 혼합물을 냄비에 다시 넣고 중불에 올려 끓인다. 끓기 시작하면 저어 가며 걸쭉한 농도가 될 때까지 약 3분간 더 끓인다.

5　냄비를 불에서 내리고 불려 둔 판 젤라틴을 넣는다. 젤라틴이 완전히 녹을 때까지 젓는다.

6　완성된 커스터드를 트레이나 볼에 옮겨 담고 랩을 씌워 실온에서 식힌다. 완전히 식으면 냉장고에 하룻밤 둔다.

미소 크렘 디플로마

미소 캐러멜 커스터드 200g

헤비 크림 100g

　식힌 커스터드를 스탠드 믹서용 볼에 옮겨 담는다. 스탠드 믹서에 플랫 비터를 끼우고 저속으로 커스터드를 부드럽게 풀어 준다. 커스터드에 헤비 크림을 조심스럽게 섞어 넣는다. 혼합될 정도로만 가볍게 섞는다.

마무리하기

1　데니시 셸 6개에 미소 크렘 디플로마를 균등하게 나눠 넣는다. 크렘 디플로마를 조심스럽게 펴서 모서리까지 채우도록 한다. 혹은 짤주머니에 담아 각 셸에 짜 넣어도 된다.

2　각 데니시 위에 얇게 슬라이스한 딸기 조각들을 겹겹이 올려 크렘 디플로마를 완전히 덮는다.

3　마지막으로 페이스트리의 바깥 부분에 따뜻하게 데운 나파주를 바르고, 딸기 위에 갓 빻은 흑후추를 약간 뿌려 완성한다.

망고 생강 데니시

Mango Ginger Danish

6개분

앞의 방법에 따라 블라인드 베이킹한
데니시 셸 6개

솔티드 캐러멜
('필수 재료' 264페이지 참고)

생강 커스터드

잘게 썰어 설탕에 절인 생강 50g

약 2~3mm 두께로 슬라이스한 생망고

나파주('필수 재료' 265페이지 참고)

생강 커스터드

껍질을 벗긴 생강 10g

우유 300g

씨를 긁어낸 바닐라 꼬투리 1/2개

정제 설탕(매우 고운 것) 50g

노른자 4개

체에 친 다목적용 밀가루 10g

체에 친 옥수숫가루(옥수수 전분) 10g

하루 전에 준비하기

1 식도의 넓적한 날 부분을 이용해 생강을 으깬다. 냄비에 으깬 생강과 우유를 넣고 끓인다.
끓인 생강과 우유를 내열 용기에 옮겨 넣고 밀봉 후 생강의 향이 우유에 계속 우러나도록
냉장고에 하룻밤 둔다.

2 다음날 우유를 체에 걸러 생강 조각을 제거하고 냄비에 다시 붓는다. 바닐라 꼬투리를 넣고
끓기 직전까지 끓인다. 우유에 막이 생기지 않도록 주의한다.

3 우유를 끓이는 동안 볼에 설탕과 노른자를 넣고 밝고 연한 색이 날 때까지 휘핑한다.
다목적 밀가루와 옥수수 가루를 넣고 휘저어 잘 섞는다.

4 우유가 막 끓어오르려고 할 때 불에서 내려 달걀 혼합물에 천천히 붓는다. 재료가 잘 섞이도록
계속 저어 가며 붓는다. 이제 우유와 달걀 혼합물을 다시 냄비에 붓는다. 냄비를 중불에 올려 저어
가며 끓인다. 끓기 시작하면 걸쭉한 농도의 크렘 파티시에르가 될 때까지 계속 저으면서 3분간 더
끓인다.

5 불에서 내려 깨끗한 볼에 붓는다. 크렘 파티시에르의 표면에 막이 생기지 않도록 랩을
씌우고 사용하기 전까지 냉장고에 넣어 둔다.

6 생강 향이 밴 커스터드를 데니시 셸에 넣기 직전에 손 거품기로 풀어 주고 잘게 썰어 설탕에
절인 생강을 섞는다.

마무리하기

1 블라인드 베이킹 후 식힌 데니시 셸 6개를 준비한다. 각 데니시의 바닥에 솔티드 캐러멜을
약 15g 정도 얇게 짜 넣는다.

2 생강 커스터드를 손 거품기로 풀어 주고 잘게 썰어 설탕에 절인 생강을 섞어 넣는다.
데니시 셸 6개에 생강 커스터드를 균등하게 나눠 넣는다. 커스터드를 조심스럽게 펴서
데니시의 모서리까지 채우도록 한다.

3 각 데니시 위에 슬라이스한 망고 조각들을 조심스럽게 겹쳐 놓아 생강 커스터드를 덮는다.
이 데니시의 주인공은 제철을 맞아 맛이 좋고 과즙이 풍부한 망고이므로 망고를 아끼지 말고
넣는다. 데니시 1개당 최소 다섯 조각의 망고 조각을 올린다.

4 마지막으로 페이스트리의 바깥 부분에 따뜻하게 데운 나파주를 바른다.

블루베리 월계수 잎 데니시

Blueberry Bay Danish

6개분

앞의 방법에 따라 블라인드 베이킹한
데니시 셸 6개

프로마주 블랑 무스fromage blanc mousse

블루베리 250g

블루베리 시럽

나파주('필수 재료' 265페이지 참고)

프로마주 블랑 무스

농후 크림thickened cream 300g

노른자 80g(4개분)

정제 설탕(매우 고운 것) 130g

물 50g

불려 둔 판 젤라틴 2장(골드 강도)

레몬 1개분의 제스트와 즙

프로마주 블랑 250g

하루 전에 준비하기

1 휘스크를 끼운 스탠드 믹서로 크림을 단단한 뿔이 생길 때까지 휘핑한다. 휘핑이 끝나면 크림을 다른 볼로 옮기고 스탠드 믹서용 볼과 휘스크는 꼼꼼히 세척한다.

2 스탠드 믹서에 다시 휘스크를 끼우고 노른자에 공기가 포집되도록 휘핑한다. 노른자를 휘핑하는 동안 작은 냄비에 설탕과 물을 팔팔 끓여 설탕 시럽을 만든다. 설탕이 완전히 녹도록 처음부터 잘 저어야 한다.

3 설탕 시럽의 절반 분량을 휘핑 중인 노른자에 천천히 흩뿌린다.

4 불려 둔 판 젤라틴을 남은 설탕 시럽에 넣어 휘핑 중인 노른자에 넣는다. 혼합물이 실온이 될 때까지 휘핑한다. 볼의 온도를 재서 확인한다. 볼에서 따뜻한 기운이 더 이상 느껴지지 않아야 한다.

5 레몬즙과 레몬 제스트를 프로마주 블랑에 넣고, 레몬즙이 완전히 잘 섞이도록 손 거품기로 풀어 준다.

6 프로마주 블랑에 휘핑한 노른자를 두 번에 걸쳐 나눠 넣는다. 이 혼합물에 휘핑한 크림을 두 번에 걸쳐 나눠 넣는다.

7 완성된 프로마주 블랑 무스를 깨끗한 브라우니 트레이로 옮기고 막이 생기지 않도록 유산지나 랩으로 덮는다. 냉장고에 하룻밤 보관한다.

블루베리 시럽

냉동 블루베리 500g

정제 설탕(매우 고운 것) 200g

물 200g

월계수 생잎 10장

1 모든 재료를 냄비에 넣고 설탕이 녹도록 저어 가며 중불에 끓인다. 걸쭉한 시럽의 농도가 될 때까지 졸인다. 시럽을 식힌 후 고운 체에 거른다. 거른 시럽은 밀폐 용기에 담아 보관한다. 걸러 낸 블루베리 과육은 버린다. →

1　블루베리 일부는 반으로 자르고, 나머지는 온전한 상태로 둔다. 이렇게 블루베리의 형태에 변화를 주면 완성된 페이스트리가 아름다울 뿐만 아니라 식감도 더 다채로워진다.

2　블루베리 전량을 블루베리 시럽과 섞어 데니시를 준비하는 동안 한쪽에 둔다.

3　프로마주 블랑 무스를 볼에 옮겨 담고 손 거품기로 풀어 준다. 6개의 데니시 셸에 무스를 균등하게 나눠 넣는다. 무스를 조심스럽게 펴서 데니시의 모서리까지 채우도록 한다. 무스가 데니시의 윗부분에 닿지 않도록 주의한다.

4　숟가락을 사용해 블루베리를 각 데니시의 무스 위에 올린다. 반으로 자른 블루베리와 온전한 블루베리가 골고루 들어가도록 한다. 블루베리가 데니시보다 약간 더 높이 올라갈 정도로 넉넉히 얹어도 좋다.

점심

뒤 팽 에 데지데 2011

Du Pain et des Idées

그렇게 뒤 팽 에 데지데에서 한 달 동안 인턴으로 일하기 위해 2011년 파리로 돌아왔다. 파리에서의 생활은 꿈만 같았다. 매일 아침 해가 뜨기 시작할 무렵이면 황금빛으로 물든 파리의 조용한 거리를 걸어 뒤 팽 에 데지데로 향하곤 했다. 그 시간에 깨어나 유일하게 움직이는 것은 동이 트기 전부터 바게트와 크루아상을 공급하기 위해 열심히 빵을 굽는 다른 베이커들뿐이었다.

반죽 담당 부서에 배치되었다. 놀랍게도, 뒤 팽 에 데지데는 1층 전체를 할애하여 비에누아즈리 반죽 생산 중 차가운 공정을 진행하고 있었다. 다시 말해 오븐은 없고 차갑고 거대한 대리석 작업대와 파이 롤러, 대형 믹서, 한쪽 벽에 늘어선 여러 대의 냉동고와 급속 냉각기만이 있었다. 감사하게도 매우 재능 있는 한국인 셰프 현지와 함께 수석 셰프인 세바스티앵 밑에서 일할 수 있었다. 현지는 나의 부족한 프랑스어 실력에도 불구하고 엄청난 인내심을 발휘하며 반죽 담당 부서에서 해야 하는 여러 가지 준비 작업을 가르쳐 주었다. 대부분의 베이킹 관련 프랑스어 표현 또한 현지가 가르쳐 주었다. 아마도 그래서 한국식 억양의 프랑스어를 구사하며 멜버른으로 돌아오게 된 것 같다.

피곤한 나날의 연속이었지만, 뒤 팽 에 데지데에서 일했던 그 몇 주간만큼 온전히 성취감을 느껴본 적이 없었다. 어려운 기술과 기법을 배우는 것은 물론, 모든 것을 프랑스식으로 하고 있었다. 일은 체력적으로도 매우 힘들었다. 작업자들은 20kg짜리 밀가루 포대를 지하에서 반죽 부서까지 좁은 나선형 계단으로 날라야 했다. 정신적으로나 체력적으로나 크게 자극을 받았고, 마침내 내가 추구해야 할 길을 찾았다는 확신이 들었다.

뒤 팽 에 데지데에서의 한 달이 지난 뒤 멜버른으로 돌아왔다. 이날까지도 왜 파리를 떠나기로 결심했는지 정확한 이유가 기억나지 않는다. 어쨌든 버터와 페이스트리에 관한 지식과 프랑스 문화에 심취해 멜버른으로 돌아온 뒤, 가만히 있으면 안 될 것 같은 들뜬 기분이 들었다. 끝내주는 크루아상으로부터 시작해서 파리에서 맛본 그 삶을 멜버른에서 생생하게 재현하고 싶었다.

쉬는 날이면 버터의 풍미가 가득한, 제대로 된 크루아상을 오븐에서 꺼낸 즉시 맛보는 그 절정의 경험을 상기시켜 줄 베이커리를 찾아다니곤 했다. 멜버른을 샅샅이 뒤졌지만 그 어느 곳도 마음에 들지 않았다. 멜버른은 세계 최고의 커피를 마실 수 있는 도시로 명성을 얻고 있었으나, 슬프게도 비에누아즈리로는 세계 최고라고 말할 수 없을 것 같았다. 아이디어가 떠오르기 시작했다.

완두콩과 염소 커드 데니시

Spring Pea and Goat's Curd Danish

6개분

블라인드 베이킹한 데니시 6개
(93페이지 참고)

간을 한 염소 커드 120g

장식용 완두콩 덩굴과 양파꽃

오렌지와 양파 마멀레이드

살사 베르데salsa verde

완두콩과 누에콩 믹스

이 데니시는 매년 봄이면 늘 룬에서 내놓는 페이스트리다. 봄에는 맛있는 채소를 먹을 수 있다. 대자연은 연중 최고의 채소를 봄에 선사한다. 그러니 이를 기념해야 한다.

'오전 티타임' 장에서 소개한 데니시들과 마찬가지로 이 데니시는 블라인드 베이킹을 진행한다. 93페이지에서 발효하고 굽는 방법을 참고하라.

오렌지와 양파 마멀레이드

오렌지 2개

포도씨유 30g

채 썬 양파 2개

원당 160g

화이트 와인 식초 120g

시나몬 스틱 1개

고수 씨 2g

올스파이스 2g

통 흑후추 2g

소금 적당량

1 오렌지 껍질을 벗기고 얇은 막을 제거해 과육만 남긴다. 낭비되는 과즙이 없도록 볼을 아래에 놓고 작업한다. 마멀레이드에 오렌지 향을 제대로 내고 싶다면 볼을 사용하여 오렌지 과즙을 받아 둔다.

2 냄비에 포도씨유를 두르고 약불로 가열한다. 양파를 넣어 색이 반투명하고 약간 진해지면서 수분이 나올 때까지 익힌다. 원당을 넣고 양파와 잘 섞는다. 1분 정도 조리한다. 내용물이 끈적해지기 시작할 것이다.

3 오렌지 과육을 넣고 저어 가며 1분간 조리한다. 볼에 받아 두었던 오렌지 과즙과 화이트 와인 식초를 넣는다.

4 치즈를 거를 수 있는 천에 향신료를 넣고 묶어서 냄비에 넣고 카르투슈로 덮는다.

5 가장 약한 불에서 2시간 동안 끓인다. 마멀레이드가 냄비 바닥에 눌어붙어 타지 않도록 15~20분마다 저어 준다.

6 내용물이 끈적한 마멀레이드의 농도가 되었다면 알맞은 양의 소금을 넣는다. 깨끗한 밀폐 용기나 소독한 병에 마멀레이드를 옮겨 담고 필요할 때까지 냉장고에 보관한다.

살사 베르데

민트 1다발

바질 1다발

3등분한 차이브 1다발

마늘 콩피 2알

물에 헹군 케이퍼 75g

레몬즙 적당량

올리브유 약 100g

1 민트, 바질, 차이브를 씻는다. 믹서나 푸드 프로세서 가장 아래에 콩피해 둔 마늘과 케이퍼를 넣고 씻은 민트, 바질, 차이브를 넣는다. 레몬즙 적당량과 올리브유의 절반 분량(모든 재료가 균일하게 섞이게 하기에 충분한 정도)을 넣는다. 내용물이 고르게 갈리고 나면 천천히 남은 올리브유를 부어 넣으며 블렌더를 고속으로 작동시킨다. 이 작업은 빠르게 진행해야 한다. 오래 갈면 허브들이 갈색으로 변할 가능성이 높고, 그러면 초록색이 아닌 살사 베르데가 될 것이다.

2 입맛에 맞게 간을 하고 밀폐 용기에 담아 필요할 때까지 냉장고에 보관한다. →

완두콩과 누에콩 믹스

꼬투리를 벗기고 데쳐 굵게 다진
누에콩 80g

데치고 굵게 다진 완두콩 120g

살사 베르데 40g

소금 적당량

1 간을 보며 모든 재료를 섞는다.

마무리하기

1 블라인드 베이킹 후 식힌 데니시 셸 6개를 준비한다. 각 데니시의 바닥에 숟가락으로 오렌지와 양파 마멀레이드 20g을 고르게 펴 넣는다.

2 간을 한 염소 커드를 짤주머니에 옮겨 넣고 각 데니시의 마멀레이드 위에 20g씩 고르게 짠다.

3 염소 커드 위에 완두콩과 누에콩 믹스 30g을 숟가락으로 조심스럽게 얹는다. 올리브유에 살짝 버무리고 간을 한 완두콩 덩굴과 양파꽃으로 각 데니시를 장식하여 마무리한다.

루벤

The Reuben

6개분

크루아상용으로 밀고 잘라 둔
페이스트리 반죽 1회분

얇게 썬 파스트라미 120g

러시안 드레싱 50g과 섞은
사우어크라우트 75g

곱게 간 그뤼에르 치즈 90g

달걀 1개 분량의 달걀물

길게 2등분한 장식용 코니숑cornichon 피클

룬은 원래 멜버른 남동부에 자리 잡고 있었다. 이 지역의 식료품점들은 오래된 유대인 공동체에서 많은 영향을 받고 있다. 룬 근처에도 훌륭한 유대식 델리카트슨 가게가 많았고, 따라서 전통적인 루벤 샌드위치에 기반한 크루아상을 만들어 보자는 아이디어가 떠올랐다. 구할 수 있는 최고 품질의 파스트라미를 구해 아낌없이 넣어야 한다. 파스트라미와 사우어크라우트는 루벤 크루아상의 핵심 재료이지만, 이 레시피의 숨은 공신은 러시안 드레싱이라고 해도 과언이 아니다.

러시안 드레싱

노른자 1개

디종 머스터드 8g

강판에 간 홀스래디시 3g

우스터 소스 3g

타바스코 소스 3g

양파 가루 4g

파프리카 가루 한 꼬집

소금 한 꼬집

향미가 없는 기름 140g
(예: 포도씨유, 카놀라유)

HP 소스 35g

1   기름과 HP 소스를 제외한 나머지 재료를 모두 블렌더나 푸드 프로세서에 넣고 고속으로 1분간 간다. 가는 동안 천천히 기름을 붓기 시작한다. 기름을 절반 정도 넣었을 때 뜨거운 물 1티스푼을 넣고, 다시 남은 기름을 천천히 부어 넣는다. 마지막에 HP 소스를 넣고 직접 저어 섞는다. 필요할 때까지 냉장고에 보관한다.

성형하기

1   루벤 크루아상은 햄과 그뤼에르 치즈 크루아상(49페이지)과 같은 방법으로 성형한다. 펼쳐 놓은 반죽에 필링을 놓고 말아 올리면 된다.

2   필링을 넣을 때는 크루아상 반죽의 넓은 면 쪽에 얇게 썬 파스트라미 조각 20g을 풍성하게 뭉쳐 올린다. 이때 단단한 공 모양으로 꽉 누르지 않도록 한다. 파스트라미 위에 러시안 드레싱과 섞은 사우어크라우트 20g을 올린다. 마지막으로 사우어크라우트 위에 곱게 간 그뤼에르 치즈 15g을 올린다.

아래의 변경 내용을 적용해 햄과 그뤼에르 치즈 크루아상 레시피에 따라 발효하고 굽기 49페이지 참고

1   반으로 자른 코니숑 피클을 이쑤시개로 루벤 크루아상 위에 꽂아 완성한다.

향신료를 넣은 콜리플라워 베어클로

Spiced Cauliflower Bearclaw

6개분

팽 오 쇼콜라용으로 밀고 잘라 둔
페이스트리 반죽 1회분

콜리플라워 피클

얇게 깎은 파르메산 치즈 60g

구운 콜리플라워

달걀 1개 분량의 달걀물

몇 년 전, 룬의 수석 셰프가 콜리플라워를 넣은 짭짤한 맛의 채식 페이스트리를 만들어 보는 게 어떻겠냐고 제안했다. 그리고 마침내 이 메뉴가 룬에 등장했고, 콜리플라워 베어클로는 예상 밖의 성공을 거두었다. 룬에서 SNS를 통해 사람들에게 이전의 메뉴 중 어떤 페이스트리를 다시 메뉴판에서 보고 싶은지 물어볼 때마다, 콜리플라워 베어클로를 다시 팔아달라는 요청이 있었다. 바로 이 콜리플라워 베어클로의 레시피를 소개한다.

여기서 만들 수 있는 구운 콜리플라워와 콜리플라워 피클의 양은 이 레시피에 필요한 양보다 많다. 구운 콜리플라워는 석류 씨, 다진 파슬리, 헤이즐넛과 함께 맛있는 샐러드의 기본 재료로 적합하며, 콜리플라워 피클은 플라우맨즈 런치Ploughman's Lunch 나 치즈 플래터에 곁들이기 좋다.

향신료 믹스

헤이즐넛 110g

흰 참깨 80g

고수 씨 2테이블스푼

쿠민 씨 2테이블스푼

통 흑후추 2테이블스푼

핑크솔트 1테이블스푼

1   오븐을 컨벡션 오븐 기준 160℃로 예열한다.

2   헤이즐넛과 참깨를 각각 두 개의 트레이에 담아 10분간, 혹은 향이 나고 색이 진해질 때까지 굽는다. 오븐에서 꺼내 식힌다.

3   헤이즐넛이 다 식으면 푸드 프로세서로 잘게 다진다. 가루가 될 정도로 곱게 갈아서는 안 된다. 약간의 씹히는 질감이 남아 있어야 한다.

4   고수 씨, 쿠민 씨, 통 흑후추를 마른 프라이팬에 넣고 중불로 향이 날 때까지 약 2분간 노릇노릇하게 굽는다. 타지 않도록 주의한다. 다 구워지면 절구나 향신료 그라인더를 사용해 함께 빻는다.

5   모든 재료를 섞는다.

구운 콜리플라워

식물성 기름

작게 자른 콜리플라워의 꽃 부분 500g

소금과 후추 적당량

향신료 믹스 50g

1   오븐을 컨벡션 오븐 기준 220℃로 예열한다.

2   큰 팬에 식물성 기름을 약간 두르고 중불에 가열한다. 콜리플라워의 꽃 부분을 넣는다. 팬이 너무 꽉 차지 않도록 주의한다. 콜리플라워를 찌면 안 되기 때문이다. 콜리플라워에 색이 날 때까지 둔다. 검은 자국이 약간 생겨도 괜찮다. 소금과 후추로 간한다.

3   1차로 익힌 콜리플라워를 큰 베이킹 트레이로 옮기고 한 겹으로 얇게 펼친다. 이번에도 마찬가지로, 트레이가 너무 꽉 차지 않도록 주의한다. 오븐에 넣어 몇 분간 굽는다. 콜리플라워에 먹음직스럽게 캐러멜화된 노릇한 색이 나야 한다. 오븐에서 꺼내 향신료 믹스를 뿌린다. 실온으로 내려올 때까지 완전히 식힌다. →

콜리플라워 피클

정제 설탕(매우 고운 것) 500g

물 250g

화이트 와인 식초 500g

펜넬 씨 10g

커스터드 씨 10g

소금 20g

작게 자른 콜리플라워의 꽃 부분 500g

최소한 하루 전에 준비하기

1 큰 냄비에 콜리플라워를 제외한 모든 재료를 넣고 설탕이 녹을 때까지 가열한다.

2 콜리플라워를 소독한 여러 개의 병에 넣고 그 위에 뜨거운 피클액을 조심스럽게 붓는다. 콜리플라워가 완전히 잠기도록 한다. 병을 밀봉하고 실온에서 완전히 식힌 후 냉장고에 넣는다. 최소한 하루 이상 담가 두었다가 사용한다.

성형하기

1 9×12cm 크기의 직사각형으로 자른 페이스트리 반죽 하나를 조심스럽게 들어 올려 원래 길이의 약 1.5배로 늘린다. 직사각형의 긴 변이 안쪽으로 살짝 말릴 것이다. 직사각형의 짧은 변인 위쪽과 아래쪽 모서리는 원래대로 9cm 길이를 유지한다.

2 반죽의 아래쪽 절반에 콜리플라워 피클 10g을 놓는다. 아래쪽 모서리에 약 2cm의 여유를 둔다. 얇게 깎은 파르메산 치즈로 콜리플라워 피클을 덮고, 구운 콜리플라워 20g으로 그 위를 덮는다.

3 반죽의 위쪽 모서리를 잡고 콜리플라워 필링 위로 뚜껑을 덮듯이 반죽을 반으로 접어 위쪽 모서리와 아래쪽 모서리가 만나도록 한다. 이음매 부분에 검지를 길게 대고 평평하게 눌러 반죽을 붙인다. 나머지 반죽에도 같은 과정을 반복한다.

4 이제 과도를 사용해 위쪽 모서리와 아래쪽 모서리가 만난 부분에 약 1cm 깊이의 칼집을 낸다. 모든 페이스트리 반죽에 같은 과정을 반복한다.

5 유산지를 깐 베이킹 트레이 위에 성형을 끝낸 콜리플라워 베어클로를 일정한 간격으로 팬닝한다. 발효하고 굽는 과정에 부풀어 오를 것을 고려해 각 반죽 사이에 충분히 간격을 둔다.

6 발효하기 전까지 냉장고에 보관한다.

발효하기

1 불이 꺼진 오븐에 콜리플라워 베이클로를 팬닝한 트레이를 넣고 아래 칸에 끓는 물이 담긴 그릇을 둔다. 약 5시간 동안 발효시킨다. 발톱 부분이 벌어지기 시작하면 구울 준비가 다 된 것이다.

굽기

1 발효된 베어클로와 물이 담긴 그릇을 오븐에서 꺼낸다. 오븐을 컨벡션 오븐 기준 210℃로 예열한다.

2 모가 부드러운 페이스트리 브러시로 조심스럽게 달걀물을 바른다. 달걀물을 너무 많이 사용해서 베어클로의 아랫면에 고이지 않도록 주의한다. 달걀물을 바른 페이스트리 위에 향신료 믹스를 뿌린다.

3 베어클로를 210℃에서 5분간 구운 후, 오븐 온도를 160℃로 낮추어 16분간 더 굽는다. 오븐 내에 다른 부분보다 온도가 더 높은 부분이 있다면, 마지막 8분은 트레이를 180도 돌려 넣고 굽는다.

4 10분간 식힌 후 완성한다.

에스카르고

Escargots

6개분

유지를 바르고 유산지를 두른 지름 11cm 짜리 스프링폼 틀의 링 부분 6개를 유산지를 깐 베이킹 트레이에 올려 둔다.

에스카르고용으로 밀고 잘라 둔 페이스트리 반죽 1회분

달걀 1개 분량의 달걀물

에스카르고는 일반적으로 단맛의 비에누아즈리로 취급되지만, 룬에서는 이 페이스트리를 활용하여 여러 가지 짭짤한 맛의 조합을 선보이고 있다. 에스카르고는 성형하는 법을 익히기 쉬운 편에 속하며, 라미네이션을 완벽하게 하지 않아도 되는 페이스트리이기도 하다. 게다가 페퍼로니 피자 에스카르고 레시피를 시험해 보고 싶지 않을 사람이 누가 있겠는가? 이후에 소개하는 세 가지 레시피는 수년간 룬에 등장했던 에스카르고 중 가장 인기 있었던 것들로, 정기적으로 메뉴판에 다시 등장하고 있다.

발효하기

1 에스카르고를 팬닝해 둔 트레이를 불이 꺼진 오븐에 넣고 아래 칸에 끓는 물이 담긴 그릇을 넣은 후 5~6시간 동안 발효시킨다. 반죽이 스프링폼 틀 옆면에 닿을 정도로 부풀어 오르면 발효가 다 된 것이다.

굽기

1 발효된 에스카르고와 물이 담긴 그릇을 오븐에서 꺼낸다. 오븐을 컨벡션 오븐 기준 210℃로 예열한다.

2 치즈와 베지마이트 에스카르고(51페이지)를 이미 만들어 보았다면, 에스카르고는 달걀물을 약간 거칠게 발라야 하는 페이스트리라는 사실을 기억할 것이다. 페이스트리 브러시를 달걀물에 충분히 적신 후 브러시의 넓적한 부분으로 에스카르고 반죽 위를 강하게 누른다. 에스카르고의 여러 층을 붙이는 과정이다. 이렇게 하면 중심부가 풀려 나오지 않게 된다. 달걀물을 바른 에스카르고 위에 소금과 후추를 충분히 뿌려 간한다.

3 에스카르고를 210℃에서 5분간 구운 후, 오븐 온도를 160℃로 낮추어 16~20분간 더 굽는다. 고르게 색이 나면 완성된 것이므로 색을 잘 관찰한다. 오븐 내에 다른 부분보다 온도가 더 높은 부분이 있다면, 마지막 몇 분은 트레이를 180도 돌려 넣고 굽는다.

4 마음에 드는 색이 나면 에스카르고를 오븐에서 꺼낸다. 오븐 장갑을 낀 채 조심스럽게 스프링폼 틀을 제거하고 10분 이상 식힌다.

카초 에 페페 에스카르고

Cacio E Pepe Escargot

6개분

유지를 바르고 유산지를 두른 지름 11cm짜리
스프링폼 틀의 링 부분 6개를 유산지를 깐
베이킹 트레이에 올려 둔다.

에스카르고용으로 밀고 잘라 둔
페이스트리 반죽 1회분

베샤멜 소스

곱게 간 파르메산 치즈 100g

흑후추 적당량

달걀 1개 분량의 달걀물

장식용 페코리노 로마노 치즈

예전에 미국을 여행할 때, 워싱턴에 있는 로지즈 럭셔리Rose's Luxury라는 식당에서 친구와 저녁을 먹은 적이 있다. 이 레스토랑에서는 첫 코스 요리 전에 카초 에 페페에서 영감을 받은 몽키 브레드monkey bread가 나왔다.

　빵은 따뜻한 상태였고 친구와 함께 치즈와 후추가 가득한 빵을 함께 잡아당겨 나눠먹는 즐거움을 누릴 수 있었다. 멜버른으로 돌아온 후 여행지에서 받았던 영감, 그리고 친구와 함께 즐겼던 식사를 추억하기 위해 카초 에 페페 에스카르고 레시피를 개발했다.

베샤멜 소스

우유 150g

월계수 잎 1장

통후추 2알

마늘 1알

버터 15g

다목적용 밀가루 15g

간 파르메산 치즈 15g

간 페코리노 치즈 35g

간 흑후추

소금 한 꼬집

1　작은 냄비에 우유를 붓고, 월계수 잎, 통후추, 마늘을 넣은 후 중불에 올려 가열하되 팔팔 끓이지 않도록 한다. 식힌 후 냉장고에 하룻밤 두어 향신료의 향이 우유에 우러나게 한다.

2　다음날 향이 우러난 우유를 체에 걸러 냄비에 다시 붓고 뭉근히 끓인 다음 불에서 내린다.

3　다른 작은 냄비를 중불에 올려 버터를 녹인다.

4　녹인 버터에 밀가루를 넣고 완전히 섞일 때까지 계속 젓는다. 이를 루라고 하는데, 루가 엷은 갈색이 되고 냄비 바닥에 눌어붙기 시작해 약간 고소한 냄새가 날 때까지 중불에 끓인다.

5　루를 계속 저으면서 따뜻하게 데운 우유를 붓는다. 우유를 다 넣은 후 베샤멜 소스를 계속 저으면서 가볍게 끓이고, 끓기 시작하면 1분간 유지한다. 불에서 내린 냄비에 간 파르메산 치즈와 페코리노 치즈를 넣는다. 치즈가 완전히 섞일 때까지 저어 준다. 마지막으로 충분한 양의 흑후추와 소금을 넣는다. 실온이 될 때까지 식힌다. 밀폐 용기에 넣어 냉장고에 보관한다.

성형하기

1　작은 오프셋 스패출러로 반죽의 한쪽 끝에 3cm 정도를 남기고 베샤멜 소스를 반죽 위에 펴 바른다. 베샤멜 소스를 곱게 간 파르메산 치즈 15g으로 덮는다. 반죽이 전체적으로 고르게 덮이도록 한다. 넉넉한 양의 흑후추를 갈아 파르메산 치즈 위에 뿌린다.

2　몸에서 먼 쪽에서부터 반죽을 말아 올린다. 한 번에 반죽 하나씩 작업하고, 너무 단단하게 말지 않도록 한다. 파르메산 치즈가 최대한 빠져나오지 않도록 조심스럽게 작업한다. 말아 올린 에스카르고 반죽은 유지를 바르고 유산지를 두른 스프링폼 틀 안에 넣는다. 반죽이 고르게 발효되고 구워지도록 틀의 가운데에 놓는다.

발효하기 및 굽기 117페이지 참고

장식하기

1　카초 에 페페는 이탈리아어로 치즈와 후추라는 뜻이다. 각 에스카르고 위에 페코리노 로마노 치즈를 곱게 갈아 산처럼 쌓는다. 마지막 가장 중요한 장식으로, 넉넉한 양의 흑후추를 갈아서 뿌린다.

스파나코피타 에스카르고

Spanakopita Escargot

6개분

유지를 바르고 유산지를 두른 지름 11cm짜리
스프링폼 틀의 링 부분 6개를 유산지를 깐
베이킹 트레이에 올려 둔다.

치즈와 시금치 믹스 400g

에스카르고용으로 밀고 잘라 둔
페이스트리 반죽 1회분

달걀 1개 분량의 달걀물

전통적인 그리스식 시금치 파이인 스파나코피타의 페이스트리 부분은 종이처럼 얇은 페이스트리 반죽인 필로에 녹인 버터나 올리브유를 바르고, 필로를 여러 장 겹쳐서 만든다. 여기에 들어가는 시금치, 허브, 치즈로 만든 필링은 버터의 풍미가 가득한 크루아상과 더할 나위 없이 잘 어울린다.

아래 레시피의 치즈와 시금치 믹스의 양은 에스카르고 6개에 필요한 양보다 많다. 믹스는 냉동 보관할 수 있으므로, 대량으로 만들어 냉동고에 넣어 두었다가 다음에 또 사용할 수 있다.

치즈와 시금치 믹스

시금치 1다발

올리브유 적당량

잘게 다진 샬롯 1개

간 마늘 1알

잘게 다진 이탈리안 파슬리 1다발

잎을 따고 잘게 다진 민트 1다발

잘게 다진 딜 1다발

잘게 부순 페타 치즈 200g

리코타 치즈 200g

달걀 1개

레몬 1개분의 제스트

너트메그 가루 한 꼬집

소금과 후추 적당량

1 시금치의 줄기를 잘라 내고 잎 부분을 물로 잘 씻는다. 시금치에는 흙이 많이 묻어 있으므로, 싱크대에 물을 가득 받은 후 시금치를 물속에서 한동안 흔들어 흙을 싱크대 바닥에 가라앉히는 방법을 추천한다.

2 시금치를 씻는 동안 큰 냄비에 물을 받아 끓이고, 얼음물이 담긴 큰 그릇을 준비한다. 물이 끓어오르자마자 시금치를 20초 내로 데치고, 바로 얼음물이 담긴 그릇으로 옮긴다. 시금치를 꽉 짜서 물기를 제거한다. 물기를 최대한 말리고 싶다면 깨끗한 수건을 사용해도 된다. 시금치를 잘게 썬다.

3 샬롯과 마늘에서 수분이 나올 때까지 올리브유에 볶는다. 레시피의 모든 재료를 볼에 넣고 플랫 비터를 끼운 스탠드 믹서를 사용해 저속으로 섞는다. 재료가 고루 잘 섞이기만 하면 된다. 간을 하기 전에 맛을 본다. 생각보다 많은 소금이 필요할 것이다. 완성된 믹스 400g을 짤주머니에 넣고 사용 전까지 냉장고에 보관한다. 나머지 믹스는 밀폐 용기나 짤주머니에 옮겨 냉동한다. 짤주머니에 보관할 때는 잘 밀폐되어 있는지, 끝부분이 잘려 있지 않은지 확인한다.

성형하기

1 짤주머니의 끝부분을 잘라 5mm짜리 구멍을 만든다. 반죽 위에 치즈와 시금치 믹스를 두껍게 짠다. 에스카르고 1개당 믹스 50g을 사용한다. 반죽 한쪽 끝의 약 3cm는 믹스를 올리지 않은 채로 남겨 둔다.

2 몸에서 먼 쪽에서부터 반죽을 말아 올린다. 한 번에 반죽 하나씩 작업하고, 너무 단단하게 말지 않도록 한다. 말아 올린 에스카르고 반죽은 유지를 바르고 유산지를 두른 스프링폼 틀 안에 넣는다. 반죽이 고르게 발효되고 구워지도록 틀의 가운데에 놓는다.

3 발효하기 전까지 냉장고에 보관한다.

발효하기 및 굽기 117페이지 참고

페퍼로니 피자 에스카르고

Pepperoni Pizza Escargot

6개분

유지를 바르고 유산지를 두른 지름 11cm짜리
스프링폼 틀의 링 부분 6개를 유산지를 깐
베이킹 트레이에 올려 둔다.

에스카르고용으로 밀고 잘라 둔
페이스트리 반죽 1회분

피자 소스

간 스카모르차 치즈 210g

1~2mm 두께의 반원 모양으로
자른 페퍼로니 90g

달걀 1개 분량의 달걀물

피자를 생각하면 뉴욕에서 처음 보낸 밤이 떠오른다. 새벽 두 시쯤, 뉴욕 어딘가에서 시차에 적응이 안 된 채로 오랜 친구들과 술잔을 기울이고 이야기를 나누며 처음으로 뉴욕 피자를 맛보았다. 피자 조각은 내 머리보다도 컸고 기름졌으며 얇고 짭짤했으며 가볍고 바삭한 질감의 가장자리가 말려 올라간 페퍼로니로 뒤덮여 있었다. 이전에 먹었던 어떤 음식보다도 맛있는 피자 한 조각이었다.

룬의 페퍼로니 피자 에스카르고를 한입 베어 물 때마다, 눈을 감으면 그 마법 같았던 맨해튼의 밤으로 돌아가게 된다.

피자 소스

올리브유 적당량

간 마늘 1알

잘게 다진 작은 샬롯 1개

건조 오레가노 1/4티스푼

토마토 페이스트 250g

물 100g

소금 1/4티스푼

1　프라이팬에 올리브유를 둘러 달구고, 마늘과 샬롯을 넣어 부드럽고 반투명해질 때까지 조리한다. 오레가노와 토마토 페이스트를 넣는다. 1~2분간 조리한 후 물과 소금을 넣는다. 잘 섞이도록 저어가면서 중불에서 몇 분간 조리한다.

2　식힌 후 푸드 프로세서로 부드러운 질감이 될 때까지 간다.

3　용기에 담아 사용 전까지 냉장고에 보관한다.

성형하기

1　작은 오프셋 스패출러로 반죽의 한쪽 끝에 3cm 정도를 남기고 약 15g의 피자 소스를 반죽 위에 펴 바른다. 피자 소스를 간 스카모르차 치즈 35g으로 덮는다. 치즈 위에 페퍼로니 조각 15g을 올린다.

2　몸에서 먼 쪽에서부터 반죽을 말아 올린다. 한 번에 반죽 하나씩 작업하고, 너무 단단하게 말지 않도록 한다. 스카모르차 치즈와 페퍼로니가 빠져나오지 않도록 조심스럽게 작업한다. 말아 올린 에스카르고 반죽은 유지를 바르고 유산지를 두른 스프링폼 틀 안에 넣는다. 반죽이 고르게 발효되고 구워지도록 틀의 가운데에 놓는다.

아래의 변경 내용을 적용해 에스카르고 레시피에 따라 발효하고 굽기　117페이지 참고

1　오븐에서 에스카르고를 꺼내자마자 틀을 제거하고, 아직 페이스트리가 따뜻할 때 조심스럽게 뒤집는다. 에스카르고가 풀리지 않아야 하므로 폭이 넓은 오프셋 스패출러를 사용하는 것이 좋다. 페퍼로니 피자 에스카르고는 평평한 면이 위로 가도록 해서 완성한다. 5분간 그대로 두었다가 장식한다.

장식하기

버팔로 모차렐라 치즈

어린 바질 잎(혹은 가늘게 썬 일반 바질 잎)

위에 뿌릴 올리브유

1　버팔로 모차렐라 치즈를 불규칙한 모양으로 찢어 각 에스카르고 위에 놓는다. 어린 바질 잎도 놓는다. 마지막으로 먹기 직전에 약간의 올리브유를 흩뿌린다.

2　완성된 에스카르고를 맛본 사람들의 반응을 지켜보라. 크루아상 반죽으로 만든 새로운 음식에서 익숙한 맛을 느끼는 경험은 분명 놀라움을 선사할 것이다.

오후 티타임

룬

Lune

2012

2012년 6월, 멜버른 남쪽 바닷가에 접한 교외 지역인 엘우드Elwood에 있는 작은 가게를 빌렸다. 크루아상에 특화된 마이크로 베이커리를 열어 멜버른 최고의 에스프레소 바와 카페 몇 군데에만 크루아상을 납품할 계획이었다. 그러면 마침내 멜버른 사람들이 훌륭한 커피와 크루아상을 함께 즐길 수 있게 될 것이었다.

베이커리의 이름은 '룬'으로 지었다. 로고는 작은 로켓을 형상화했다. 이 로고에는 여러 의미가 담겨 있었다. 나는 항공 우주 공학을 전공했고, 달을 사랑한다. 또한 초승달은 전형적인 크루아상의 모양*이기도 하다. '룬'은 프랑스어로 '달'이라는 뜻이다.

룬의 초창기는 힘에 부치고 피로한 나날의 연속이었다. 부모님이 정기적으로 가게에 오셔서 설거지와 배달, 간단한 재료 손질을 도와주시기도 했고, 어떤 때는 그저 옆에 있어 주기 위해 오셔서 무한히 지지해 주셨지만 그 외에는 길고 외로운 날들이었다. 새벽 5시에 하루를 시작해 페이스트리를 굽고 배달하고 오전 9시쯤 룬으로 돌아와 다음날의 페이스트리를 준비하곤 했다. 저녁 9시경 일과가 끝나면 다음날을 위해 바로 잠자리에 들었다. 룬은 휴무일 없이 일주일 내내 영업했으므로, 일주일에 90~100시간을 일하는 쳇바퀴 같은 일상이 계속되었다.

간단히 말하면, 지속할 수 없는 일이었다. 중요한 퍼즐 조각 하나를 놓친 것 같은 느낌이 들었다. 노력과 사랑을 들여 크루아상을 만드는 그 시간 내내, 사람들이 크루아상을 즐기고 있는 모습은 정작 볼 수가 없었다.

2013년 10월, 2주 동안 가게 문을 닫고 파리로 돌아갔다. 룬이 오래 지속될 수 있으려면 룬을 어떻게 변화시켜야 하는지에 관해 명쾌한 답과 영감을 얻고 싶었다. 호주 동부 해안을 따라 여행을 즐기고 있던 캠이 마침 얼마 전에 운영하던 카페를 팔고 다음 프로젝트를 찾는 중이었다. 나는 캠에게 룬에 합류해서, 룬을 납품 전문 베이커리에서 손님들을 만날 수 있는 작은 가게로 전환하는 작업을 도와주지 않겠냐고 제안했다.

두 달 후, 우리는 가게 문을 열고 몇 명 되지 않는 첫 손님들을 맞게 되었다.

오후 티타임

---

* 사실 프랑스에서 초승달 모양의 크루아상은 버터가 아닌 마가린이나 기타 식물성 유지를 사용해 만들어졌음을 의미한다.

래밍턴 크러핀

Lamington Cruffin

6개분

구운 후 필링을 채우지 않은 크러핀 6개

라즈베리 잼 100g(셰프의 노트 참고)

휘핑한 크림 100g

잘게 간 건조 코코넛 200g

초콜릿 가나슈
('필수 재료' 264페이지 참고)

이 크러핀은 잼과 크림에 대한 나의 깊은 사랑에서 비롯되었다. 어린 시절 아버지가 처음으로 잼과 묽은 크림을 얹은 흰 빵을 주셨다. 점심 식사 후 가끔 먹을 수 있었던 특별한 간식이었는데, 그 이후에도 잼과 크림을 크레페에 듬뿍 얹어 먹는 것을 좋아했다.

래밍턴은 오랜 역사를 지닌 호주의 전통 디저트다. 래밍턴의 스펀지 케이크를 크루아상 반죽으로 대체한 이 크러핀이 진짜 래밍턴를 연상시키는 것을 보면 놀랍다. 이 크러핀은 맛을 제대로 구현해 낼 수만 있다면, 어린 시절의 추억이 새로운 페이스트리 아이디어를 떠올리는 데 좋은 영감이 될 수 있다는 것을 증명한다.

휘핑한 크림

농후 크림 300g

정제 설탕(매우 고운 것) 30g

바닐라 익스트랙트 1/4티스푼
(선택 재료)*

1 크림과 설탕(그리고 바닐라 익스트랙트)을 볼에 넣고 휘스크를 끼운 스탠드 믹서로 단단한 뿔이 생길 때까지 휘핑한다. 휘핑한 크림을 짤주머니로 옮긴다. →

셰프의 노트 룬에서는 라즈베리 잼을 직접 만들지만, 초창기에는 본마망Bonne Maman의 라즈베리 잼을 사용했다. 이 제품은 세계 어디서든 구할 수 있으며, 개인적으로는 시판되는 라즈베리 잼 중 최고라고 생각한다. 이 레시피에는 잘 만든 시판 라즈베리 잼을 사용하기를 추천하지만, 평소에 잼 만들기를 좋아해서 맛있는 라즈베리 잼을 이미 만들어 찬장에 보관 중이라면 직접 만든 잼을 사용해도 좋다.

* 바닐라 익스트랙트를 선택 재료로 표시한 이유는 개인적으로 이 크러핀에 들어가는 휘핑크림에는 바닐라가 들어가지 않는 것을 선호하기 때문이다. 하지만 취향에 따라 넣어도 무방하다.

조합하기

1　오븐에서 꺼내 15분 이상 식힌 크러핀 6개를 준비한다. 신선한 휘핑크림을 안에 짜 넣어야 하므로 크러핀 내부에 잔열이 있어서는 안 된다.

2　각 크러핀의 꼭대기에 과도 날을 넣어 구멍을 낸다. 구멍은 크러핀의 소용돌이 정중앙에 내야 하며, 바닥까지 뚫지 않도록 주의한다. 이 칼집에 짤주머니를 대고 필링을 채우게 된다.

3　짤주머니에 라즈베리 잼을 담는다. 크러핀 하나를 디지털 저울에 올리고 영점을 맞춘 후, 라즈베리 잼 15g을 짜 넣는다. 잼을 크러핀 안쪽 깊숙이 넣어야 하므로 짤주머니가 충분히 깊이 들어갔는지 확인한 후 진행한다. 나머지 크러핀에도 같은 과정을 반복한다.

4　크러핀 6개에 잼을 다 채웠으면 크러핀 하나를 다시 디지털 저울에 올리고 영점을 맞춘다. 휘핑한 크림 15g을 크러핀에 짜 넣는다. 이번에도 역시, 짤주머니가 크러핀 속에 충분히 깊이 들어갔는지 확인한다. 그렇게 하지 않으면 크림이 위로 넘칠 수 있다. 나머지 크러핀에도 같은 과정을 반복한다.

5　건조 코코넛을 작은 볼에 담는다.

6　초콜릿 가나슈가 아직 묽은 액체 상태를 유지하고 있는지, 식기 시작해서 걸쭉해지고 있지는 않은지 확인한다. 식어서 걸쭉해졌다면 내열 용기에 가나슈를 담고 몇 cm 깊이의 끓는 물이 담긴 작은 냄비 위에 올려 원하는 농도가 될 때까지 저어 가며 녹인다.

7　크러핀의 아래 절반 부분을 잡고 윗부분을 가나슈에 담그고, 가나슈가 골고루 묻도록 돌린다. 크러핀을 가나슈에서 들어 올린 후 360도 돌려 가며 여분의 가나슈를 떨어뜨린다.

8　가나슈가 묻은 크러핀 윗부분을 곧바로 건조 코코넛에 담그고 식힘망으로 옮긴다. 나머지 크러핀에도 같은 과정을 반복한다.

래핑턴 크러핀은 완성 후 가나슈가 약간 굳을 때까지 잠시 두었다가 먹으면 더 맛있다. 최대 한 시간이 지나기 전에만 먹으면 된다.

피넛버터 젤리 크러핀

PBJ Cruffin

6개분

구운 후 필링을 채우지 않은 크러핀 6개

시나몬 설탕
('필수 재료' 265페이지 참고)

피넛버터 크렘 파티시에르
('필수 재료' 263페이지 참고)

라즈베리 잼 120g

피넛버터 젤리 크러핀은 내가 가장 좋아하는 크러핀이다. 재미있으면서도 향수를 불러일으키는 이 완벽히 균형 잡힌 크러핀은 무엇보다도 너무나 맛있다.

래밍턴 크러핀 레시피에서처럼, 직접 만든 라즈베리 잼을 사용해도 좋다. 시판되는 잼을 사용할 예정이라면 본마망 라즈베리 잼이 단맛과 신맛의 완벽한 균형을 보여 주며, 농도도 피넛버터 젤리 크러핀에 적합하다고 생각한다.

필링 준비하기

1 크러핀을 조합하기 전에 냉장고에서 피넛버터 크렘 파티시에르를 꺼내 랩을 제거하고 거품기로 저어 풀어 준다. 크렘 파티시에르 130g을 짤주머니에 옮겨 담는다. 이는 크러핀 6개에 넣을 분량이므로, 크러핀을 더 만들 계획이라면 크러핀 1개당 크렘 파티시에르 20g씩을 추가한다. 남은 크렘 파티시에르는 밀폐 용기에 넣어 냉장 보관한다.

2 짤주머니에 잼을 담는다.

조합하기

1 오븐에서 꺼내 10분 정도 식힌 크러핀 6개를 준비한다. 아직 따뜻한 크러핀을 시나몬 설탕에 굴린다. 설탕이 골고루 묻도록 크러핀을 돌려 가며 굴린 후, 흔들어서 여분의 설탕을 털어낸다. 설탕을 묻힌 크러핀은 다시 식힘망 위에 올려 20분간 식힌 후 다음 과정을 진행한다.

2 각 크러핀의 꼭대기에 과도 날을 넣어 구멍을 낸다. 구멍은 크러핀의 소용돌이 정중앙에 내야 하며, 바닥까지 뚫지 않도록 주의한다. 이 칼집에 짤주머니를 대고 필링을 채우게 된다.

3 크러핀 하나를 디지털 저울에 올리고 영점을 맞춘 후, 피넛버터 크렘 파티시에르 20g을 짜 넣는다. 크림을 크러핀 안쪽 깊숙이 넣어야 하므로 짤주머니가 충분히 깊이 들어갔는지 확인한 후 진행한다. 나머지 크러핀에도 같은 과정을 반복한다.

4 이제 크러핀 하나를 다시 디지털 저울에 올리고 영점을 맞춘다. 라즈베리 잼 20g을 크러핀에 짜 넣는다. 이번에도 역시, 짤주머니가 크러핀 속에 충분히 깊이 들어갔는지 확인한다. 나머지 크러핀에도 같은 과정을 반복한다.

5 마지막으로 각 크러핀의 윗부분 정중앙에 잼을 한 방울씩 짜서 장식한다.

피넛버터 젤리 크러핀은 완성한 후 몇 시간이 지나고도 먹을 수 있지만, 어린 시절의 행복한 추억을 떠오르게 하는 잊지 못할 경험을 하고 싶다면 페이스트리가 아직 따뜻한 상태일 때 먹는 것이 좋다. 그동안 먹어 본 잼이 든 따뜻한 도넛 중 가장 맛있게 느껴질 것이다.

호박 파이 크러핀

Pumpkin Pie Cruffin

6개분

구운 후 필링을 채우지 않은 크러핀 6개

메이플 시럽 젤 100g

호박 파이 필링 200g

시나몬 설탕('필수 재료' 265페이지 참고)

시나몬 크림

장식용 시나몬 가루

이 크러핀은 10월이나 11월경 룬에서 항상 판매하는 페이스트리다. 때로는 핼러윈이나 추수감사절을 맞아 팔기도 한다. 만약 진짜 호박 파이도 함께 굽고 싶다면, 이 레시피의 호박 파이 필링은 6개의 크러핀과 블라인드 베이킹한 타르트 셸 1개를 채우기에 넉넉한 양이다. 이 필링은 이미 다 익힌 것이므로 블라인드 베이킹한 타르트 셸에 옮겨 담기만 하면 된다.

호박 퓌레

길게 2등분하고 씨를 긁어낸
땅콩호박 1개

하루 전에 준비하기

1 오븐을 컨벡션 오븐 기준 220℃로 예열하고 베이킹 트레이에 유산지를 깐다.

2 2등분한 땅콩호박을 잘린 단면이 아래로 향하도록 베이킹 트레이에 놓는다. 트레이 전체를 알루미늄 포일로 덮는다. 호박이 매우 부드럽고 연해질 때까지 1시간 동안 굽는다. 호박이 타지 않도록 주의한다.

3 오븐에서 꺼내 식힌다. 만져도 괜찮을 만큼 호박이 식으면 과육을 숟가락으로 퍼내고 껍질은 버린다. 호박 과육을 블렌더나 푸드 프로세서에 넣고 매우 부드러워질 때까지 간다. 덩어리나 실 같은 부분이 남아 있다면 체에 걸러 매우 부드러운 질감이 되도록 한다.

4 호박 파이 필링 레시피에는 호박 퓌레 350g이 필요하므로, 볼에 해당 중량을 계량해 넣고 나머지는 밀폐 용기에 담아 냉동한다. 냉동해 둔 호박 퓌레는 나중에 간편하게 활용할 수 있다.

호박 파이 필링

우유 180g

시나몬 가루 1티스푼

생강 가루 1/2티스푼

너트메그(육두구) 가루 1/4티스푼

정향 가루 1/4티스푼

카다멈 가루 한 꼬집

황설탕 110g

노른자 110g(약 6개분)

농후 크림 300g

불려 둔 판 젤라틴 3장(골드 강도)

호박 퓌레 350g

메이플 시럽 50g

소금 한 꼬집

하루 전에 준비하기

1 오븐을 컨벡션 오븐 기준 200℃로 예열한다.

2 작은 냄비에 우유와 향신료를 넣고 중불에 올려 막 끓는점에 도달하기 직전까지 끓인다.

3 그동안 황설탕과 노른자를 볼에 넣고 휘핑해 섞는다. 끓여 둔 우유를 노른자에 천천히 부으며 잘 섞이도록 저어 준다. 차가운 농후 크림을 넣고 핸드 믹서로 혼합물을 잘 섞는다.

4 깊은 브라우니 트레이에 혼합물을 걸러 넣고 알루미늄 포일로 덮어 20분간 굽는다. 혼합물이 갈라지고 스크램블처럼 뭉쳐 보이고 수분이 분리되기 시작할 때까지 굽는다. 실패한 것처럼 보이겠지만 정상이다!

5 오븐에서 꺼내 블렌더에 옮겨 담고 판 젤라틴을 넣는다. 내용물이 다시 유화되어 균일하고 부드러운 질감이 될 때까지 간다. 호박 퓌레, 메이플 시럽, 소금을 넣고 혼합물이 하나로 어우러질 때까지 블렌더를 규칙적으로 멈춰가며 간다. 용기에 옮겨 담고 냉장고에 넣어 하룻밤 굳힌다.

6 굳힌 호박 파이 필링 200g을 짤주머니에 옮겨 담는다. 남은 필링은 냉동해 두었다가 나중에 호박 파이 크러핀이나 호박 파이를 구울 때 사용한다. →

메이플 시럽 젤

한천 가루 1티스푼

찬물 250g

메이플 시럽 100g

1 작은 냄비에 한천 가루와 찬물을 넣어 섞고 중불에 올려 한천 가루가 완전히 녹을 때까지 저어 가며 끓인다. 끓기 시작하면 5분간 더 끓인다.

2 작은 내열 계량 용기를 디지털 저울에 올려 영점을 맞추고 한천 가루와 함께 끓인 물 50g을 계량한다. 남은 물은 버린다. 이 단계는 매우 중요하다. 사실 필요한 물의 양은 50g뿐이지만 더 많은 양의 한천 가루와 물을 사용한 이유는, 한천 가루의 양이 정확해야 하는데 일반 주방 저울로는 1~2g을 정확하게 계량하기가 불가능하기 때문이다. 한천 가루를 섞은 물 50g을 다시 작은 냄비에 붓고 메이플 시럽 50g을 넣는다. 팔팔 끓인 후 불에서 내려서 내열 용기에 붓고 실온으로 식힌다. 다 식은 후 블렌더에 넣고 남은 메이플 시럽 50g을 넣은 후 부드러워질 때까지 간다. 짤주머니에 옮겨 담는다.

시나몬 크림

헤비 크림 300g

시나몬 가루 1/2티스푼과
장식용 여분의 분량

1 크림과 시나몬 가루를 볼에 넣고 휘스크를 끼운 스탠드 믹서로 부드러운 뿔이 생길 때까지 휘핑한다. 크림이 형태를 유지할 정도가 되어야 한다. 묽고 흐르는 제형이 되지 않도록 주의한다. 만약 그렇게 되었다면 농도가 다시 걸쭉해지도록 손 거품기로 휘핑한다.

조합하기

1 오븐에서 꺼내 10분 정도 식힌 크러핀 6개를 준비한다. 아직 따뜻한 크러핀을 시나몬 설탕에 굴린다. 설탕이 골고루 묻도록 크러핀을 돌려 가며 굴린 후, 흔들어서 여분의 설탕을 털어낸다. 설탕을 묻힌 크러핀은 다시 식힘망 위에 올려 20분간 식힌 후 다음 과정을 진행한다.

2 각 크러핀의 꼭대기에 과도 날을 넣어 구멍을 낸다. 구멍은 크러핀의 소용돌이 정중앙에 내야 하며, 바닥까지 뚫지 않도록 주의한다. 이 칼집에 짤주머니를 대고 필링을 채우게 된다.

3 크러핀 하나를 디지털 저울에 올리고 영점을 맞춘 후, 메이플 시럽 젤 15g을 짜 넣는다. 호박 파이 필링도 짜 넣어야 하므로, 짤주머니가 충분히 깊이 들어갔는지 확인한 후 진행한다. 나머지 크러핀에도 같은 과정을 반복한다.

4 크러핀 6개에 메이플 시럽 젤을 다 짜 넣었다면, 크러핀 하나를 다시 디지털 저울에 올리고 영점을 맞춘다. 호박 파이 필링 30g을 크러핀에 짜 넣는다. 이번에도 역시, 짤주머니가 크러핀 속에 충분히 깊이 들어갔는지 확인하고 진행한다. 나머지 크러핀에도 같은 과정을 반복한다.

5 호박 파이 크러핀 위에 투박하고도 아름답게 시나몬 크림을 얹는다. 디저트용 숟가락으로 크림을 넉넉히 떠서 각 크러핀 위에 듬뿍 올린다. 완벽한 모양이 아니어도 괜찮다. 사실 이 경우에는 크림 모양이 통일되지 않은 개성 있는 모습이 더 좋다.

6 마지막으로 엄지와 검지로 시나몬 가루를 약간 집어 크림 위에 섬세하게 뿌린다. 과하게 뿌리지 않도록 주의한다.

어린이들이나 손님들에게 크러핀을 만들자마자 맛볼 수 있도록 한다면, 그들은 감사의 마음을 표현할 것이다.

패션프루트 코코넛 크러핀

Passionfruit Coconut Cruffin

6개분

구운 후 필링을 채우지 않은 크러핀 6개

패션프루트 설탕

패션프루트 휩

패션프루트 잼 120g

장식용 코코넛 플레이크

장식용 머랭 조각

패션프루트 코코넛 크러핀은 여름의 느낌이 충만한 크러핀이다. 아래 레시피의 패션프루트 잼의 양은 크러핀 6개에 필요한 양보다 많지만, 남은 패션프루트 잼을 버터 향 가득한 토스트나 빅토리아 스펀지 케이크에 바르거나, 혹은 컵케이크의 장식용 필링으로 사용할 수도 있다.

패션프루트 잼

정제 설탕(매우 고운 것) 175g

펙틴 7g

패션프루트 과육 250g

말리부 럼 50g

하루 전에 준비하기

1 설탕과 펙틴을 작은 볼에 넣고 섞어 한쪽에 둔다.

2 작은 냄비에 패션프루트 과육과 말리부 럼을 넣고 끓인다. 끓기 시작하면 설탕과 펙틴 혼합물을 넣고 잘 저어 녹인다. 잼이 적당한 농도가 될 때까지 끓인다. 잼이 완성되었는지 확인해보고 싶다면 잼을 만들기 시작할 때 접시를 냉동고에 넣어 두었다가, 잼이 응고점에 도달했는지 확인해 보고 싶을 때 잼을 접시에 한 방울 떨어뜨리고 다시 냉동고에 넣는다. 이때 냄비는 잠시 불에서 내린다. 잼이 완성되었다면 표면에 얇은 막이 생겼을 것이다. 손가락으로 조심스럽게 밀면 막에 주름이 생긴다. 만약 잼이 아직 묽고 막도 생기지 않는다면, 냄비를 다시 불에 올리고 5분 뒤에 다시 차가운 접시에 테스트해 본다.

3 잼 100g을 내열 그릇에 담고 나머지는 살균한 병으로 옮긴다. 내열 그릇의 잼이 완전히 식으면 짤주머니에 옮겨 담는다.

패션프루트 휩

패션프루트 과육 100g

말리부 럼 20g

정제 설탕(매우 고운 것) 40g

우유 10g

농후 크림 40g

코코넛 크림 80g

헤비 크림 적당량

잔탄검 1티스푼

하루 전에 준비하기

1 패션프루트 과육, 말리부 럼, 설탕을 작은 냄비에 넣고 끓인다. 처음 분량의 3분의 1이 될 때까지 졸인 후 약불로 줄인다. 우유, 농후 크림, 코코넛 크림을 넣고 약간만 졸아들도록 다시 끓인다.

2 졸아든 혼합물을 내열 그릇에 담고 실온이 될 때까지 식힌 후 랩으로 덮어 냉장고에 하룻밤 둔다.

3 크러핀을 만들어야 하는 날, 혼합물의 무게를 잰 뒤 스탠드 믹서용 볼에 옮겨 담는다. 무게의 절반에 해당하는 헤비 크림을 넣는다. 예를 들어 패션프루트 혼합물이 200g이면 헤비 크림 100g을 넣는다. 휘스크를 끼운 스탠드 믹서로 연한 농도가 될 때까지 휘핑한다. 짤주머니에 옮겨 담는다. →

머랭 조각

흰자 90g(대란 3개분)

정제 설탕(매우 고운 것) 90g

체에 친 순수 슈거 파우더 90g

체에 친 옥수숫가루(옥수수 전분) 10g

하루 전에 준비하기

1 오븐을 컨벡션 오븐 기준 80℃로 예열한다.

2 볼에 흰자를 넣고 휘스크를 끼운 스탠드 믹서로 부드러운 뿔이 생길 때까지 휘핑한다. 부드러운 뿔이 생기면 계속 휘핑하면서 매우 고운 정제 설탕을 한 번에 1테이블스푼씩 넣는다. 정제 설탕 전량을 넣고 난 후, 슈거 파우더와 옥수숫가루도 같은 방식으로 넣는다.

3 유산지를 깐 베이킹 트레이에 머랭을 펴서 바른다. 오프셋 스패출러를 사용해 최대한 얇게 펼치도록 한다. 1시간 15분 동안 굽는다. 실온에서 완전히 식힌 후 부러뜨려 약 2cm 크기의 일정하지 않은 코코넛 플레이크와 비슷한 모양으로 조각낸다.

패션프루트 설탕

정제 설탕(매우 고운 것) 250g

동결 건조한 패션프루트 파우더 10g

1 설탕과 패션프루트 파우더를 볼에 넣고, 파우더가 설탕 속에 고르게 퍼지도록 거품기로 잘 섞는다. 남은 패션프루트 설탕은 다음번에 사용할 때까지 밀폐 용기에 담아 보관한다. 얇은 크루아상 조각이 설탕에 섞여 들어갈 수 있으므로 용기에 담기 전에 설탕을 체에 한 번 거른다.

조합하기

1 오븐에서 꺼내 5분 정도 식힌 크러핀 6개를 준비한다. 아직 따뜻한 크러핀을 패션프루트 설탕에 굴린다. 설탕이 골고루 묻도록 크러핀을 돌려 가며 굴린 후, 흔들어서 여분의 설탕을 털어낸다. 설탕을 묻힌 크러핀은 다시 식힘망 위에 올려 20분간 식힌 후 다음 과정을 진행한다.

2 각 크러핀의 꼭대기에 과도 날을 넣어 구멍을 낸다. 구멍은 크러핀의 소용돌이 정중앙에 내야 하며, 바닥까지 뚫지 않도록 주의한다. 이 칼집에 짤주머니를 대고 필링을 채우게 된다.

3 크러핀 하나를 디지털 저울에 올리고 영점을 맞춘 후, 패션프루트 휩 25g을 짜 넣는다. 짤주머니가 충분히 깊이 들어갔는지 확인한 후 진행한다. 나머지 크러핀에도 같은 과정을 반복한다.

4 크러핀 하나를 다시 디지털 저울에 올리고 영점을 맞춘다. 패션프루트 잼 20g을 크러핀에 짜 넣는다. 이번에도 역시, 짤주머니가 크러핀 속에 충분히 깊이 들어갔는지 확인한다. 나머지 크러핀에도 같은 과정을 반복한다.

5 모든 크러핀에 패션프루트 휩과 잼을 짜 넣었다면, 크러핀의 윗부분 정중앙에 휩을 방울 모양으로 짜서 장식한다.

6 마지막으로 코코넛 플레이크와 머랭 조각을 패션프루트 휩으로 만든 방울 위에 올린다. 각 조각을 방울 안으로 지그시 눌러 넣어 수직으로 세운다. 크러핀 1개당 총 7~8개의 코코넛 플레이크와 머랭 조각을 올린다.

이 크러핀에는 피냐 콜라다가 정말 잘 어울린다!

바노피 파이 크러핀

Banoffee Pie Cruffin

6개분

구운 후 필링을 채우지 않은 크러핀 6개

마리 비스킷marie biscuit 설탕

하루 전에 미리 만들어 둔 둘세 데 레체
dulce de leche('필수 재료' 264페이지 참고)

바나나 크렘 디플로마

다크 코코아 파우더

휘핑한 헤비 크림 150g

간 다크 초콜릿

룬에서 판매하던 오리지널 바노피 파이 페이스트리는 친한 친구인 조이 포스터-블레이크의 요청으로 개발했다. 조이와 조이의 남편 해미쉬가 시드니의 레스토랑 프라텔리 프레쉬Fratelli Fresh에서 처음으로 데이트했을 때 주문했던 디저트가 바로 바노피 파이였다. 조이는 그 운명적인 디저트와 비슷한 페이스트리를 룬에서 만들어 줄 수 있는지 물었다. 룬에서 처음 개발한 바노피 파이는 블라인드 베이킹한 데니시에 둘세 데 레체를 채우고 신선한 바나나 슬라이스를 올린 뒤 휘핑크림을 풍성하게 올린 페이스트리였다.

바노피 파이 크러핀은 오리지널 바노피 파이 데니시를 약간 더 개선한 버전이다. 혹은 크러핀 대신 블라인드 베이킹한 데니시를 만들고 바나나 크렘 디플로마는 바나나 슬라이스로 대체한 뒤 필링을 채워도 좋다.

바나나 크렘 디플로마

농후 크림 170g

체에 친 슈거 파우더 100g

바나나 퓌레 150g

우유 40g

노른자 2개

정제 설탕(매우 고운 것) 70g

천일염 한 꼬집

체에 친 옥수숫가루(옥수수 전분) 15g

불려 둔 판 젤라틴 1장(골드 강도)

버터 30g

하루 전에 준비하기

1 볼에 농후 크림 120g과 슈거 파우더를 넣고 휘스크를 끼운 스탠드 믹서로 부드러운 뿔이 생길 때까지 휘핑하고 한쪽에 둔다.

2 바나나 퓌레, 남은 농후 크림, 우유를 블렌더에 넣고 스무디와 같은 질감이 될 때까지 간다.

3 믹싱볼에 노른자, 매우 고운 정제 설탕, 소금, 옥수숫가루(옥수수 전분)를 넣고, 혼합물이 연하고 밝은색이 될 때까지 휘저어 잘 섞는다.

4 바나나 퓌레 혼합물을 노른자 혼합물에 넣고 휘저어 잘 섞은 후, 중간 크기의 냄비에 옮겨 담는다.

5 중불에 냄비를 올리고 내열 소재의 스패출러나 나무 소재의 숟가락을 사용해 혼합물을 계속 저어 가며 끓인다. 혼합물이 매우 걸쭉하고 끈적해질 때까지 3분간 끓인다.

6 혼합물이 원하는 농도가 되면 불려 둔 판 젤라틴과 버터를 넣는다. 잘 저어서 버터를 녹이고 혼합물에 섞이게 한다.

7 내열 소재의 볼에 혼합물을 옮기고 실온에서 식힌다. 완전히 식고 난 후 휘핑한 크림을 섞어 넣는다. 볼을 덮어 냉장고에 하룻밤 둔다.

8 크러핀을 다른 재료들과 조합하기 직전에 바나나 크렘 디플로마를 냉장고에서 꺼내 거품기로 잘 풀어 준다. 짤주머니에 옮겨 담는다.

9 둘세 데 레체도 짤주머니에 담는다. →

마리 비스킷 설탕

정제 설탕(매우 고운 것) 100g

마리 비스킷 250g

1 마리 비스킷과 설탕을 푸드 프로세서에 넣고 짧게 끊어가며 갈아서 매우 고운 입자로 만든다. 용기에 옮겨 담는다. 이 설탕은 마리 비스킷의 사용기한까지 보관할 수 있다.

2 남은 마리 비스킷 설탕은 다음번에 사용할 때까지 밀폐 용기에 담아 보관한다. 얇은 크루아상 조각이 설탕에 섞여 들어갈 수 있으므로 용기에 담기 전에 설탕을 체에 한 번 거른다.

조합하기

1 오븐에서 꺼내 5분 정도 식힌 크러핀 6개를 준비한다. 아직 따뜻한 크러핀을 마리 비스킷 설탕에 굴린다. 설탕이 골고루 묻도록 크러핀을 돌려 가며 굴린 후, 흔들어서 여분의 설탕을 털어낸다. 설탕을 묻힌 크러핀은 다시 식힘망 위에 올려 20분간 식힌 후 다음 과정을 진행한다.

2 각 크러핀의 꼭대기에 과도 날을 넣어 구멍을 낸다. 구멍은 크러핀의 소용돌이 정중앙에 내야 하며, 바닥까지 뚫지 않도록 주의한다. 이 칼집에 짤주머니를 대고 필링을 채우게 된다.

3 크러핀 하나를 디지털 저울에 올리고 영점을 맞춘 후, 바나나 크렘 디플로마 30g을 짜 넣는다. 짤주머니가 충분히 깊이 들어갔는지 확인한 후 진행한다. 나머지 크러핀에도 같은 과정을 반복한다.

4 크러핀 하나를 다시 디지털 저울에 올리고 영점을 맞춘다. 둘세 데 레체 10g을 크러핀에 짜 넣는다. 이번에도 역시, 짤주머니가 크러핀 속에 충분히 깊이 들어갔는지 확인하고 진행한다. 나머지 크러핀에도 같은 과정을 반복한다.

5 각 크러핀 위에 다크 코코아 파우더를 체에 내려서 뿌린다.

6 각 크러핀 위에 헤비 크림으로 키세스 초콜릿 모양의 방울 7개를 짜서 꽃 모양을 만든다. 다크 초콜릿을 곱게 갈아 방울 위에 뿌린다.

바나나 크렘 디플로마를 만들었든 오리지널 데니시 버전대로 신선한 바나나를 사용했든 이렇게 맛있는 크러핀이 첫 데이트의 디저트였다면, 조이와 해미쉬가 사랑스러운 두 아이와 함께 행복하게 살고 있다는 것도 놀라운 일은 아니다. 인생에 대해서, 또 이 페이스트리에 대해서 귀한 영감을 준 조이에게 감사의 마음을 전한다.

셰프의 노트 마리 비스킷을 처음 들어봤더라도 걱정할 필요 없다. 화려하고 고급스러운 과자가 아니라, **마트에서 쉽게 구할 수 있는 흔한 바닐라 비스킷이다.**

스니커즈 크러핀

Snickers Cruffin

6개분

구운 후 필링을 채우지 않은 크러핀 6개

피넛버터 크렘 파티시에르
('필수 재료' 263페이지 참고)

솔티드 캐러멜
('필수 재료' 264페이지 참고)

밀크 초콜릿 가나슈
(베리에이션 버전, '필수 재료' 264페이지 참고)

2014년 출시된 스니커즈 크러핀은 룬의 초창기 크러핀 메뉴 중 하나이기도 하므로, 이 레시피를 수록하지 않는다면 아쉬울 것 같았다. 스니커즈 크러핀은 원래 이 책에 싣지 않을 예정이었지만, 이 크러핀에 필요한 모든 재료가 이미 '필수 재료' 장에 있다는 것을 깨닫고 특별히 보너스로 이 레시피를 공개한다.

피넛버터 크렘 파티시에르 준비하기

1 크러핀을 조합하기 전에 냉장고에서 크렘 파티시에르를 꺼내 랩을 제거하고 거품기로 저어 풀어준다. 크렘 파티시에르 130g을 짤주머니에 옮겨 담는다. 이는 크러핀 6개에 넣을 분량이므로, 크러핀을 더 만들 계획이라면 크러핀 하나당 크렘 파티시에르 20g씩을 추가한다. 남은 크렘 파티시에르는 밀폐 용기에 넣어 냉장 보관한다.

아래의 변경 내용을 적용해 밀크 초콜릿 가나슈 준비하기 264페이지 참고

1 '필수 재료' 장의 레시피에서 소개하는 다크 초콜릿 가나슈에서 다크 초콜릿 대신 밀크 초콜릿을 사용한다. 가나슈가 실온에서 완전히 식으면 짤주머니로 옮겨 담는다. 실온에서 보관한다. 가나슈를 냉장 보관하면 아름다운 광택이 사라지고 매우 뻣뻣해져서 짤주머니로 짜기가 어려워지기 때문이다. 하지만 가나슈가 약간 굳도록 시간을 두는 것도 중요하다. 그렇지 않으면 짰을 때 모양이 유지되지 않을 수도 있다.

조합하기

장식용 슈거 파우더

장식용 땅콩 분태

1 오븐에서 꺼내 최소 15분 이상 식힌 크러핀 6개를 준비한다. 각 크러핀의 꼭대기에 과도 날을 넣어 구멍을 낸다. 구멍은 크러핀의 소용돌이 정중앙에 내야 하며, 바닥까지 뚫지 않도록 주의한다. 이 칼집에 짤주머니를 대고 필링을 채우게 된다.

2 크러핀 하나를 디지털 저울에 올리고 영점을 맞춘 후, 솔티드 캐러멜 15g을 짜 넣는다. 짤주머니가 충분히 깊이 들어갔는지 확인한 후 진행한다. 나머지 크러핀에도 같은 과정을 반복한다.

3 크러핀 하나를 다시 디지털 저울에 올리고 영점을 맞춘다. 피넛버터 크렘 파티시에르 25g을 크러핀에 짜 넣는다. 이번에도 역시, 짤주머니가 크러핀 속에 충분히 깊이 들어갔는지 확인하고 진행한다. 나머지 크러핀에도 같은 과정을 반복한다.

4 모든 크러핀에 솔티드 캐러멜과 피넛버터 크렘 파티시에르를 다 채웠다면, 크러핀 위에 슈거 파우더를 살짝 뿌린다.

5 밀크 초콜릿 가나슈가 든 짤주머니의 끝부분을 잘라 5mm의 구멍을 낸다. 짤주머니의 끝을 크러핀 꼭대기 안쪽에 대고 지름 2cm의 방울 모양으로 가나슈를 짠다. 가나슈 방울이 크러핀 윗면에서 튀어나온 느낌으로 짜도록 한다.

6 마지막으로 땅콩 분태를 작은 볼에 담고 크러핀을 하나씩 들어 가나슈에 땅콩을 묻힌다. 땅콩이 골고루 묻되 가나슈가 납작해지지 않도록 주의한다.

네 가지 치즈 토르사드

Four-Cheese Torsade

8개분

토르사드용으로 밀고 잘라 둔
페이스트리 반죽 1회분

달걀 1개 분량의 달걀물

블루 치즈 베샤멜 소스 250g

곱게 간 그뤼에르 치즈 160g

곱게 간 페코리노 치즈 160g

곱게 간 라클렛 치즈 80g

장식용 피멍 데스플레트piment
d'Espelette(프랑스의 고추) 가루

흑후추 적당량

달달한 것보다 짭짤한 간식을 선호하는 편인가? 걱정하지 말라. 여기에 그런 사람들을 위한 레시피가 있다. 토르사드는 '꼬임'을 뜻하는 프랑스어로, 이름에 걸맞은 고급스러운 간식이다. 이 토르사드에는 4가지의 치즈가 들어간다. 단독으로 즐기는 오후 간식으로도, 저녁 파티의 치즈 플래터에 놓기에도 손색없이 훌륭하다.

블루 치즈 베샤멜 소스

우유 200g

월계수 잎 1장

통 흑후추 2알

마늘 1알

버터 20g

다목적용 밀가루 20g

간 블루 치즈 55g

간 페코리노 치즈 5g

소금과 후추

1　우유를 작은 냄비에 붓고 월계수 잎, 통 흑후추, 마늘을 넣어 중불에 올려 끓이되 팔팔 끓지 않도록 한다. 식힌 후 냉장고에 몇 시간 두어 우유에 향이 우러나게 한다.

2　우유를 체에 걸러 냄비에 붓고 끓인 후 불에서 내린다. 다른 작은 냄비를 중불에 올려 버터를 녹인다. 녹인 버터에 밀가루를 넣고 완전히 섞일 때까지 거품기로 저어 루를 만든다. 루가 엷은 갈색이 되고 냄비 바닥에 눌어붙기 시작해 약간 고소한 냄새가 날 때까지 중불에 끓인다. 루를 계속 저으면서 따뜻하게 데운 우유를 붓는다. 우유를 다 넣은 후 베샤멜 소스를 계속 저으면서 가볍게 끓이고, 끓기 시작하면 1분간 유지한다. 불에서 냄비를 내리고 간 블루 치즈와 페코리노 치즈를 넣는다. 치즈가 완전히 섞일 때까지 저어 준다. 마지막으로 충분한 양의 후추와 소금을 넣는다. 실온이 될 때까지 식힌 후 짤주머니에 옮겨 담는다. 즉시 사용할 것이 아니라면 냉장고에 보관한다.

발효하기

1　토르사드 반죽은 한 겹이기 때문에 다른 페이스트리에 비해 발효가 약간 빠르다.

2　토르사드를 팬닝해 둔 트레이를 불이 꺼진 오븐에 넣고 아래 칸에는 끓는 물이 담긴 그릇을 넣어 4~5시간 발효한다. →

<table>
<tr><td>발효된 토르사드 반죽을
구울 준비하기</td><td>

1 발효된 토르사드가 놓인 트레이와 물이 담긴 그릇을 오븐에서 꺼낸다. 오븐을 컨벡션 오븐 기준 210℃로 예열한다.

2 토르사드가 손상되지 않도록 주의하면서 달걀물을 조심스럽게 바른다.

3 블루 치즈 베샤멜 소스를 담은 짤주머니의 끝부분을 잘라 5mm짜리 구멍을 만든다. 토르사드 반죽의 가운데 부분을 따라 베샤멜 소스를 두껍고 길게 짠다. 각 토르사드의 베샤멜 소스 위에 그뤼에르 치즈 20g을 고르게 뿌린다. 그다음 페코리노 치즈 20g을, 마지막으로는 라클렛 치즈 10g을 같은 방식으로 뿌린다. 페이스트리를 한입 먹을 때마다 4가지 치즈 모두를 맛볼 수 있도록 해야 한다. 페이스트리의 이름이 '네 가지 치즈 토르사드'니 말이다!

</td></tr>
<tr><td>굽기</td><td>

1 토르사드를 210℃에서 5분간 구운 후, 오븐 온도를 160℃로 낮추어 16~20분간 더 굽는다. 고르게 색이 나면 완성된 것이므로 색을 잘 관찰한다. 오븐 내에 다른 부분보다 온도가 더 높은 부분이 있다면, 마지막 몇 분은 트레이를 180도 돌려 넣고 굽는다.

2 치즈가 황갈색을 띠고 가장자리가 바삭해지기 시작하면 오븐에서 꺼낸다.

3 프랑스식 고춧가루인 피멍 데스플레트 가루를 넉넉히 집어 각 토르사드 위에 뿌린다.

4 5분간 그대로 두었다가 먹는다.

</td></tr>
</table>

저녁

ONE WAY
NO ENTRY
ONE WAY

엘우드

Elwood

불과 몇 주 만에 통제가 안 될 정도로 대기 줄이 길어졌다. 입소문은 정말 빨리 퍼졌다. 처음에는 오전 8시에 문을 열면 12명 남짓의 손님들이 기다리고 있는 정도였다. 사람들은 점점 더 빨리 가게에 오기 시작했다. 캠과 나는 영업 시작 전까지는 가게 밖에서 무슨 일이 일어나고 있는지 신경 쓰지 않기 위해 블라인드를 내려놓고 일하곤 했다. 어느 날 아침, 새벽 6시경 우리는 문밖을 내다보았다가 충격을 받았다. 벌써 줄이 생기고 있었다.

　가게는 작고 하루는 24시간밖에 없으므로 하루에 생산할 수 있는 페이스트리의 개수는 약 500개로 제한되어 있었다. 그러나 수요가 늘어남에 따라, 영업을 시작하고 1시간도 안 되어 모든 페이스트리가 다 팔리곤 했다. 그래서 우리는 티켓 시스템을 도입했다.

　오전 6시 반이 되면 캠이 작은 서비스용 창문을 열고 줄을 선 사람들에게 티켓을 나눠 주었다. 티켓을 받은 사람은 최대 6개의 페이스트리를 살 수 있었다. 이 시스템을 통해 우리는 룬의 페이스트리를 확실히 구매할 수 있는 고객의 수를 파악할 수 있었다. 거의 매일, 티켓을 받은 모든 사람이 최대의 할당량인 페이스트리 6개씩을 샀다. 가끔은 티켓을 받지 못한 30~40명의 사람들이 페이스트리를 살 수 없을지도 모른다는 것을 알면서도 약간의 기대감을 안고 모든 페이스트리가 매진될 때까지 주변에서 서성거리곤 했다. 페이스트리를 사는 데 실패하면, 다음에는 꼭 성공하겠다는 다짐으로 몇 시간이나 더 일찍 가게를 찾는 사람들도 자주 있었다.

　항상 조용한 주택가에 새벽부터 사람들이 모이는 것을 수상하게 여겨 경찰이 두어 번 출동했던 일이 기억에 남는다. 룬의 대기 줄과 관련해 가장 전설적인 사건은 아마도 2014년 빅토리아주의 선거일에 일어난 일일 것이다. 이상한 낌새를 전혀 눈치 못 챈 어떤 가엾은 신사 분이 몇 시간이나 줄을 서서 기다린 후 마침내 자신의 차례가 되었을 때, 어리둥절해져서 기표소가 어디에 있냐고 물은 것이다.

　엘우드 시절의 막바지에는 한 무리의 손님들이 정기적으로 캠과 내가 출근하기도 전에 와서 오전 2시 반부터 줄을 서곤 했다. 그야말로 광란의 2년이었다. 룬을 둘러싼 흥분에서 오는 힘으로 버티기는 했지만, 하루하루가 길고 체력적으로 힘들었으며 룬은 또다시 지속 가능하지 않은 형태가 되어 있었다. 캠과 내가 하루에 그렇게 오랜 시간 동안 계속 일하기란 불가능했을뿐더러, 룬의 평판이 나빠지고 있었다. 수요를 끌어올리기 위해 하루에 구매할 수 있는 페이스트리의 수를 일부러 제한하고 있다는 거짓 소문이 퍼지기 시작한 것이다.

　이제는 더 큰 그림을 그릴 때가 된 것이 분명했다.

풀드포크 크루아상
The Pulled Pork Croissant

5개분

크루아상용으로 밀고 잘라 둔
페이스트리 반죽 1회분

토마토 칠리 잼

잘게 찢은 풀드포크 100g

간 만체고 치즈 50g

간 케소 프레스코 치즈 50g

장식용 긴디야 고추 피클 5개

달걀 1개 분량의 달걀물

빻은 흑후추

이 크루아상은 남은 풀드포크로 활용하기에 딱 좋다. 룬의 초창기 시절 매장 바로 위에 있는 복층에서 살았다. 침대, 소파, TV를 놓으면 끝인 작은 공간이었다. 가끔 친한 친구인 맷 퍼거가 놀러 와서 함께 저녁을 먹고 F1 그랑프리를 보곤 했다. 어느 일요일 저녁, 맷이 유명한 풀드포크를 들고 나타났다. 맷은 저녁으로 먹고 남은 풀드포크로 크루아상을 만들어 달라고 했다. 그렇게 만들어진 크루아상은 굉장히 성공적이었고, 우리는 이 크루아상에 MP3Matt Perger Pulled Pork라는 이름을 붙여 바리스타 맷의 월드 바리스타 챔피언십 출전을 축하하는 의미로 멜버른 국제 커피 박람회에 납품했다.

아래는 맷 퍼거의 풀드포크 레시피다. 맷의 풀드포크를 똑같이 재현해 즐길 수 있도록 한 글자도 바꾸지 않고 그대로 옮겨 두었다. 토마토 칠리 잼은 풀드포크 크루아상 5개에 필요한 양보다 훨씬 많은 분량이 만들어질 것이다. 남은 잼은 살균한 병에 보관했다가 남은 풀드포크에 곁들이면 된다.

맷 퍼거의 풀드포크

매우 잘게 다진 양파 2개

다진 마늘 6알

올리브유 2테이블스푼

돼지 어깨살 2kg

간 쿠민 1테이블스푼

칠리 파우더 1테이블스푼 (앤초 칠리처럼 훈제한 매운 칠리로 만든 것이면 더 좋다.)

오렌지 1개분의 즙과 껍질

라임 1개분의 즙

레드 와인 식초 1/4컵

월계수 잎 3장

넉넉한 양의 소금

흑후추

치킨스톡 1L

오레가노 1~2테이블스푼 (얼마나 이탈리아식으로 만들 것인지에 따라 달라진다.)

하루 전에 준비하기

1 냄비에 올리브유를 두르고 양파와 마늘에서 수분이 나올 때까지 최소 45분 동안 매우 천천히 익힌다.

2 오븐을 컨벡션 오븐 기준 100~120℃로 예열한다. 돼지고기는 비계를 정리한 후 약 3cm짜리 덩어리로 자른다. 다른 팬(주물로 된 캐서롤용 팬이 좋다.)에 돼지고기를 세 묶음으로 나누어 매우 강한 불에 겉면을 익힌다. 고기가 갈색이 되고 약간 캐러멜화가 될 때까지만 굽는다. 팬에 고기가 너무 꽉 차지 않도록 하고, 고기에서 수분이 나와서 고기를 끓이듯 익히지 않도록 주의한다. 구운 돼지고기에 쿠민, 칠리 파우더, 오렌지즙, 라임즙, 레드 와인 식초, 월계수 잎, 소금, 후추를 넣는다. 저어 가며 뜨겁게 익힌다.

3 동시에, 냄비에 치킨스톡을 넣고 거의 끓기 직전까지 끓인다. 이렇게 하면 바로 조리를 시작할 수 있고, 고기를 삶는 데 걸리는 시간이 줄어든다.

4 돼지고기 전량을 주물 캐서롤 팬에 넣는다. 양파와 향신료를 추가한 후, 재료가 잠기도록 치킨스톡을 붓는다. 오렌지 껍질을 넣는다. 오븐에 넣어 팬 안의 온도가 컨벡션 오븐 기준 80℃가 되도록 한다. 6~10시간 동안 조리한다. 온도가 더 높아지지 않았다면, 그때까지 재료가 뭉개지지 않을 것이다.

5 고기가 매우 부드러워져서 잘 찢어지게 되면 오렌지 껍질과 월계수 잎을 건진다. 포크 두 개로 고기를 찢고 남아 있는 지방 덩어리가 있다면 제거한다. 테두리가 있는 납작한 베이킹 팬에 알루미늄 포일을 깔고 고기를 한 겹으로 펼쳐 놓는다.

6 재료가 빨리 바삭해지도록 오븐 온도를 약 200℃로 올린다.

7 주물 캐서롤 팬을 불에 올려 고기를 빼고 남은 국물이 끓도록 강불에 끓인다. 국물이 글레이즈처럼 걸쭉해지고 맛있어질 때까지 10~15분간 끓인다. 국물을 숟가락으로 저으면 자국이 남아야 한다. 졸인 국물을 돼지고기 위에 흩뿌린다. 돼지고기가 담긴 팬을 오븐에 넣어 5분간, 혹은 돼지고기가 갈색이 되고 가장자리가 바삭해질 때까지 굽는다. 오븐에서 팬을 꺼내 스패출러로 돼지고기를 뒤집는다. 팬을 다시 오븐에 넣고 돼지고기가 갈색이 되고 바삭해질 때까지 5분간 더 굽는다.

8 실온으로 식힌 후 크루아상과 조합한다. ➜

토마토 칠리 잼

로마 토마토 1kg

홍고추 8개

마늘 6알

다진 생강 30g

피시 소스 45g

레드 와인 식초 150g

정제 설탕(매우 고운 것) 450g

하루 전에 준비하기

1 토마토 절반 정도를 굵게 다진다. 나머지 토마토는 홍고추, 마늘, 생강, 피시 소스와 함께 블렌더에 넣고 부드러워질 때까지 간다.

2 블렌더로 갈아 둔 토마토 혼합물, 레드 와인 식초, 설탕을 큰 냄비에 넣고 섞은 후 설탕이 녹도록 저어 가며 끓인다. 표면에 생기는 거품은 걷어 낸다. 팔팔 끓기 시작하면 굵게 다져 둔 토마토를 넣는다. 내용물이 걸쭉하게 졸아들어 잼과 같은 농도가 될 때까지 저어 가며 약불에 뭉근히 끓인다.

3 식힌 후 밀폐 용기나 살균한 병에 담아 필요할 때까지 냉장고에 보관한다.

성형하기

1 풀드포크 크루아상은 햄과 그뤼에르 치즈 크루아상(49페이지)과 같이, 펼친 페이스트리 반죽에 필링을 놓고 말아 올리는 방법으로 성형한다.

2 토마토 칠리 잼을 티스푼에 소복이 담아 반죽의 넓은 쪽 밑변 부분에 얹고 얇게 펴서 삼각형의 넓은 부분을 덮는다. 토마토 칠리 잼 위에 풀드포크 20g을 얹는다. 마지막으로 풀드포크 위에 만체고 치즈 10g과 케소 프레스코 치즈 10g을 뿌린다.

3 양쪽 엄지손가락으로 필링을 고정한 상태로 삼각형의 넓은 밑변부터 반죽을 말아 올린다. 꼭짓점이 크루아상의 아랫면을 향하도록 마무리하고, 반죽의 양쪽 '귀'는 작업대에 닿도록 한다. 나머지 4개의 반죽에도 같은 과정을 반복한다.

4 베이킹 트레이에 성형한 풀드포크 크루아상을 팬닝한다. 발효하고 굽는 과정에 팽창할 것을 고려해 크루아상 사이에 충분한 간격을 둔다.

발효하기

1 풀드포크 크루아상을 팬닝해 둔 트레이를 불이 꺼진 오븐에 넣고 아래 칸에 끓는 물이 담긴 그릇을 넣는다. 5~6시간 동안 발효시킨다. 5시간째부터는 반죽이 과발효되지 않도록 중간중간 확인한다. 반죽이 둥그렇게 잘 부풀고 표면이 매끈하며 크기가 두 배 이상으로 커지면 구울 준비가 된 것이다.

굽기

1 발효된 크루아상이 놓인 트레이와 물이 담긴 그릇을 오븐에서 꺼낸다. 오븐을 컨벡션 오븐 기준 210℃로 예열한다.

2 모가 부드러운 페이스트리 브러시로 반죽에 달걀물을 조심스럽게 바른다. 너무 많이 바르면 크루아상의 아랫부분에 고이게 되므로 주의한다.

3 크루아상을 210℃에서 5분간 구운 후, 오븐 온도를 160℃로 낮추어 16분간 더 굽는다. 오븐 내에 다른 부분보다 온도가 더 높은 부분이 있다면 마지막 8분은 트레이를 180도 돌려 넣고 굽는다.

4 10분 이상 식힌 뒤 크루아상 위에 긴디야 고추 피클을 이쑤시개로 꽂아 완성한다.

마지막으로 테킬라 한 잔을 따른다. 이렇게 두 가지 요리를 하나로 결합한 놀랍고 감미로운 미식 경험이 완성되었다. 이 과정은 아마 최소 4일이 걸렸을 것이다.

생선 파이

Fish Pie

6개분

지름 10cm 정도의 라메킨
(작은 오븐용 그릇) 6개

크루아상 자투리 반죽 850g

달걀 1개 분량의 달걀물

함께 먹을 수 있는 녹색 잎채소로 만든
그린 샐러드

생선 파이 필링

피츠로이에 위치한 빌더스 암스 호텔Builders Arms Hotel은 내가 거의 10년째 즐겨 찾는 펍이다. 화요일 밤마다 혼자 버거를 즐겼던 것도, 30번째 생일 파티를 연 것도, 룬의 임직원 크리스마스 파티를 연 것도 모두 이곳에서였다. 앤드루 매코널 셰프가 빌더스 암스 호텔의 책임자가 된 후에도 몇 가지 메뉴는 바뀌지 않았는데, 그중 하나가 바로 메뉴판에서 절대 없앨 수 없는 생선 파이다.

여기서 소개하는 생선 파이는 빌더스 암스 호텔의 훌륭한 생선 파이에 대한 경의의 표시로 룬 랩에서 2018년 8월 선보인 페이스트리다. 룬 랩에서는 8명의 고객에게 크루아상과 페이스트리를 이용한 창의적이고 실험적인 세 가지 코스 요리를 시식할 기회를 제공한다. 메뉴는 재료의 계절적 특성을 반영하고 셰프들의 참여도와 혁신성을 유지하기 위해 두 달마다 변경된다.

이 파이는 남겨 두었던 자투리 페이스트리 반죽을 활용할 수 있는 레시피이기도 하다. 바삭하고 고소한 버터의 풍미가 가득한 작고 아름다운 소용돌이로 윗부분을 장식하고, 촉촉한 소스로 가득한 필링과 파이 뚜껑이 만나는 부분은 살짝 덜 익은 듯이 구워내면 그야말로 완벽한 한입을 보장한다. 생선 파이 필링을 만들 때는 소스를 먼저 만들고 해산물은 마지막에 넣어야 과하게 익지 않는다.

**자투리 반죽으로 만든
크루아상 소용돌이**

1 최소 35×25cm 크기의 베이킹 트레이에 유산지를 깐다.

2 자투리 페이스트리 반죽을 얼려두었다면 생선 파이를 만들어야 하는 날 하루 전에 반죽을 냉장실로 옮겨 둔다. 다음날 반죽을 약 5mm의 폭으로 자르고 각 반죽 조각으로 작은 소용돌이 모양을 만든다. 라미네이션이 드러난 면이 위를 향하도록 소용돌이 반죽을 베이킹 트레이에 놓는다. 베이킹 트레이를 가득 채울 때까지 이 과정을 반복한다. 소용돌이 반죽이 서로 닿도록 가까이 놓아야 발효 및 굽는 과정에서 서로 달라붙게 된다. 트레이를 소용돌이 반죽으로 가득 채웠다면, 발효하기 전까지 냉장고에 보관한다.

3 생선 파이를 만들기 3시간 전에 소용돌이 반죽이 담긴 트레이를 불이 꺼진 오븐에 넣고 아래 칸에 끓는 물이 담긴 그릇을 넣는다. 반죽이 부풀어 올라 각 소용돌이 사이의 작은 틈들이 채워질 때까지 약 2시간 동안 발효한다.

4 발효된 소용돌이 반죽이 담긴 트레이와 물이 담긴 그릇을 오븐에서 꺼내고, 트레이는 위를 덮지 않은 채로 냉장고에 넣는다. →

생선 파이 필링

버터 80g

엑스트라 버진 올리브유 10g

잘게 다진 리크 100g

잘게 다진 펜넬 80g

잘게 다진 마늘 1알

천일염 적당량

간 흑후추 적당량

카옌 페퍼 가루 한 꼬집

우유 550g

화이트 와인 60g

체에 친 다목적용 밀가루 75g

디종 머스터드 5g

농후 크림 70g

레몬 1/2개분의 제스트

잘게 다진 딜 1테이블스푼

잘게 다진 수영Sorrel 2테이블스푼

껍질, 뼈, 가시를 제거하고 1.5cm 크기로 자른 바다 송어 필렛 200g

1.5cm 크기로 자른 삼치 200g

1cm 크기로 자른 생새우살 50g

굵게 다진 케이퍼 1테이블스푼

1 중간 크기의 냄비에 버터와 올리브유를 넣고 약불에 올린다. 버터가 녹으면 리크, 펜넬, 마늘을 넣고 반투명하고 부드러워질 때까지 볶는다. 소금, 흑후추, 카옌 페퍼 가루로 간한다.

2 그동안 작은 냄비에 우유를 넣고 거의 끓어오를 때까지 데운다.

3 리크, 펜넬, 마늘을 볶던 냄비에 화이트 와인을 넣고 디글레이징한다. 2~3분간 조리해 와인의 알코올이 날아가게 한 후, 밀가루를 넣고 잘 저어 가며 2~3분간 더 조리해 일종의 루를 만든다. 우유를 전량 넣은 다음, 이렇게 만들어진 베샤멜 소스를 뭉근하게 끓이고 계속 저어 가며 약간 걸쭉해질 때까지 1분간 끓인다. 불에서 내려 디종 머스터드, 농후 크림, 레몬 제스트, 딜, 수영을 넣고 저어서 섞는다.

4 소스를 완전히 식힌 후 생선과 새우살 섞은 것 그리고 케이퍼를 조심스럽게 섞어 넣는다. 혼합물을 6개의 라메킨에 고르게 나누어 담는다.

조합하기 및 굽기

1 오븐을 컨벡션 오븐 기준 160℃로 예열한다.

2 발효한 후 차갑게 온도를 낮춘 소용돌이 반죽이 담긴 트레이를 냉장고에서 꺼낸다.

3 라메킨의 안지름보다 지름이 약간 작은 원형 커터를 사용해 트레이의 소용돌이 반죽을 원형으로 조심스럽게 자른다. 이때 원형 반죽을 5개까지 충분히 자를 수 있는지 확인하면서 커터의 위치를 정한다. 반죽을 라메킨으로 옮길 때는, 커터가 아직 반죽 속에 있을 때 오프셋 스패출러나 뒤집개를 반죽 아래에 미끄러지듯이 밀어 넣고, 반죽을 조심스럽게 라메킨의 생선 파이 필링 위로 옮긴다. 커터의 크기가 적절했다면 원형 반죽이 라메킨 속에 딱 맞게 자리 잡을 것이다. 이 과정을 반복해 모든 생선 파이 위에 크루아상 소용돌이 '뚜껑'을 덮는다.

4 라메킨 6개에 생선 파이 필링을 채우고 소용돌이 뚜껑을 덮었다면, 모가 부드러운 페이스트리 브러시로 소용돌이 위에 조심스럽게 달걀물을 바른다.

5 라메킨 6개를 큰 트레이에 올리고 예열한 오븐에 넣어 소용돌이가 노릇한 황갈색으로 변하고 필링의 소스가 가장자리로 끓어오르기 시작할 때까지 20분간 굽는다.

6 오븐에서 꺼내 10분간 식힌 후 완성한다.

 셰프의 노트 생선 파이의 소스는 베샤멜 소스의 더 복잡한 버전이다. 기본적으로는 루를 만든 후 우유를 넣는 기법이 사용된다.

토마토와 탈레지오 치즈 데니시

Tomato and Taleggio Danish

6개분

블라인드 베이킹한 데니시 셸 6개
(93페이지)

흑마늘 크루아상 빵가루

구운 미니 로마 토마토

탈레지오 치즈 베샤멜 소스

셰리sherry 식초 글레이즈

어느 날 저녁, 친한 친구이자 〈마스터 셰프 호주〉의 심사위원인 조크 존프릴로와 함께 까르보나라를 먹으면서, 훈제 토마토와 탈레지오 치즈를 활용한 페이스트리를 룬에서 만들면 어떻겠냐고 제안했다. 이 이야기를 듣고 바로 아이디어를 피츠로이 매장의 헤드 셰프에게 전달했고, 즉시 페이스트리의 개발에 착수했다. 그 결과 탄생한 다층적이고 복합적인 풍미의 이 데니시는 존프릴로의 인정을 받았다.

룬에서는 나무를 사용해 토마토를 훈제하지만, 이 레시피에서는 훈제 과정을 생략했다. 프라이팬에서 캐러멜화하는 것만으로도 토마토에서 뛰어난 풍미를 끌어낼 수 있다. '오전 티타임' 장의 데니시 레시피와 마찬가지로, 이 데니시 또한 블라인드 베이킹을 거친다. 그러므로 83페이지와 93페이지의 발효하고 굽는 과정을 동일하게 진행하면 된다.

흑마늘 크루아상 빵가루

통 흑마늘 2개

전날 구운 크루아상

오렌지 1/2개분의 제스트(약 1티스푼)

1 오븐을 컨벡션 오븐 기준 80℃로 예열한다.

2 유산지를 깐 베이킹 트레이 위에 통 흑마늘을 꾹 짜서 마늘을 빼낸다. 오프셋 스패츌러로 마늘을 최대한 얇게 펼친다. 오븐에서 몇 시간 동안 구워 흑마늘을 건조한다.

3 오븐을 컨벡션 오븐 기준 160℃로 예열한다.

4 크루아상을 한입 크기로 뜯어 베이킹 트레이에 놓고, 전체적으로 황갈색을 띠고 바삭바삭해질 때까지 10분간 굽는다. 오븐에서 꺼내 실온이 될 때까지 식힌다.

5 건조한 흑마늘, 식힌 크루아상 조각, 오렌지 제스트를 블렌더나 푸드 프로세서에 넣고 고운 가루가 될 때까지 간다. 최대한 바삭하게 만들려면 데니시를 만드는 바로 그날 빵가루를 만드는 것이 좋다. 빵가루를 밀폐 용기에 이틀 정도 보관할 수는 있지만 첫날의 신선함은 어느 정도 사라지기 때문이다.

구운 미니 로마 토마토

정제 설탕(매우 고운 것) 약 100g

올리브유

2등분한 미니 로마 토마토 500g

1 매우 고운 정제 설탕을 작은 볼에 담는다.

2 프라이팬에 올리브유를 두르고 중불에 데운다. 토마토의 단면을 조심스럽게 설탕에 담갔다가, 설탕이 묻은 면이 아래로 가도록 프라이팬에 올린다. 1~2분간 토마토를 굽는다. 캐러멜화가 시작되기에 충분한 시간이다. 집게로 30초마다 토마토를 조심스럽게 들어 올려 어느 정도 진행되었는지 확인해 가며 굽는다. 완성된 토마토는 색이 나기 시작하고, 반건조한 토마토처럼 약간 주름이 생길 것이다. 훈제된 느낌을 약간 내고 싶다면 이 과정을 바비큐용 철판에서 진행해도 된다.

3 토마토를 실온이 될 때까지 식힌다. 하루 전에 토마토를 조리했다면 잘린 면이 위를 향하도록 조심스럽게 밀폐 용기에 담아 냉장고에 보관한다. 2등분한 토마토의 모양이 흐트러지지 않아야 하기 때문이다. →

탈레지오 치즈 베샤멜 소스

버터 30g

잘게 다진 샬롯 1/2개

우유 240g

밀가루 30g

잘게 썬 탈레지오 치즈 90g

소금과 후추 적당량

1 작은 냄비를 중불에 올려 버터를 녹인 후 샬롯을 넣어 반투명하고 부드러워질 때까지 볶는다.

2 다른 냄비에 우유를 끓이고 부글부글 끓어오르면 바로 불에서 내린다.

3 녹인 버터와 샬롯에 밀가루를 넣고 거품기로 계속 저어 완전히 섞는다. 이렇게 만들어진 루는 냄비 바닥에 눌어붙기 시작하고 황갈색으로 변할 때까지 중불에 2분 정도 저어 가며 조리한다.

4 루를 계속 저어주면서 따뜻하게 데운 우유를 붓는다. 우유를 전량 넣은 후, 이렇게 만들어진 베샤멜 소스를 계속 저어 가며 1분간 뭉근하게 끓인다.

5 불에서 내려 탈레지오 치즈를 넣고 저어 완전히 섞는다. 마지막으로 맛을 보며 간한다. 실온으로 식힌다. 원한다면 짤주머니에 옮겨 담아도 된다.

셰리 식초 글레이즈

셰리 식초 100g

정제 설탕(매우 고운 것) 20g

발사믹 식초 10g

천일염 한 꼬집

1 셰리 식초와 설탕을 작은 냄비에 넣고 중불에 올려 숟가락 뒷면에 막이 생길 때까지 졸인다. 발사믹 식초와 소금을 넣고 잘 저어 섞는다.

마무리하기

1 모든 재료를 조합하기 전에 토마토가 실온인지 확인한다. 토마토를 미리 준비해 냉장고에 보관해 두었다면 데니시를 만들기 한 시간 전에 냉장고에서 꺼내 둔다.

2 블라인드 베이킹을 한 후 식힌 데니시 셸 6개를 준비한다. 모든 데니시의 바깥 부분에 따뜻하게 데운 셰리 식초 글레이즈를 바른다. 필링을 채울 안쪽의 빈 곳에는 바르지 않는다.

3 약 40g의 탈레지오 치즈 베샤멜 소스를 각 데니시 셸 안에 두껍게 한 겹 짜 넣는다. 베샤멜 소스를 짤주머니에 넣지 않았다면 그냥 숟가락으로 떠 넣어도 된다. 이 경우 오프셋 스패출러로 소스를 데니시의 구석구석까지 잘 펼쳐 바른다.

4 그 위에 반으로 잘라 캐러멜화한 토마토 조각 9개를 서로 겹치도록, 그리고 데니시 위로 돌출되도록 놓는다.

5 마지막으로 흑마늘 크루아상 빵가루를 토마토 위에 뿌린다.

블라인드 베이킹 크루아상

Blind-Baked Croissants

5개분

버터를 바르고 유산지로 감싼
지름 18~20cm짜리 카놀리 튜브 5개

크루아상용으로 밀고 잘라 둔
페이스트리 반죽 1회분

달걀 1개 분량의 달걀물

룬에서는 블라인드 베이킹을 한 데니시가 무한한 맛의 조합과 필링을 위한 빈 도화지와 같은 역할을 한다는 사실을 깨닫고 나서, 여러 가지 다른 모양의 페이스트리도 블라인드 베이킹을 해 보았다. 그렇게 해서 얻은 완벽한 결과물이 있다. 바로 블라인드 베이킹 크루아상이다.

룬 페이스트리의 완벽한 라미네이션을 가장 잘 보여주는 것은 역시 클래식한 크루아상이라고 생각한다. 이 크루아상은 먹는 즐거움을 한껏 느끼게 해 주는 페이스트리다. 훌륭한 버터의 풍미뿐만 아니라 페이스트리의 구조에서 느낄 수 있는 질감의 다양함 때문이다. 바삭한 부분이 있고, 쫄깃한 부분도 있으며, 구름처럼 가벼운 부분도 있다. 잘 구워진 크루아상은 아무리 먹어도 질리지 않는다.

간혹 안타까운 것은 전 세계의 많은 카페에서 이 크루아상을 거칠게 반으로 갈라 온갖 재료를 넣으며 사흘이나 걸려 만들어 낸 페이스트리 속의 아름다운 벌집 구조를 완전히 망가뜨린다는 것이다. 물론 가끔은 다른 재료와 함께 즐기는 크루아상도 맛이 좋다. 하지만 크루아상을 반으로 가르지 않고 어떻게 다른 재료를 넣을 수 있을까?

그 답은 크루아상 가운데에 구멍을 내어 굽는 것이다. 룬의 셰프들이 상상할 수 있는 그 어떤 맛있는 필링이라도 품을 운명의, 완전히 새로운 크루아상의 등장이다. 이어지는 페이지에는 블라인드 베이킹을 한 크루아상용으로 가장 인기 있는 필링 세 가지를 소개해 두었다. 블라인드 베이킹에 숙달되고 나면, 레시피에 얽매이지 말고 어떤 맛있는 재료로든 크루아상을 채워 보자!

아래의 변경 내용을 적용해 햄과 그뤼에르 치즈 크루아상 레시피에 따라 성형하기 49페이지 참고

1   삼각형의 밑변 가운데에 낸 칼집에서 1cm 아래 지점에 카놀리 튜브 한 개를 놓는다.

2   밑변의 칼집을 부드럽게 양쪽으로 잡아당겨 카놀리 튜브 위로 당긴다. 양쪽 엄지손가락으로 튜브의 위치를 고정한 상태로 삼각형의 넓은 밑변부터 반죽을 말아 올린다. 꼭짓점이 크루아상의 아랫면을 향하도록 마무리하고, 반죽의 양쪽 '귀'는 작업대에 닿도록 한다. 크루아상을 베이킹 트레이에 팬닝한다. 발효하고 굽는 과정에 팽창할 것을 고려해 크루아상 사이에 충분한 간격을 둔다.

햄과 그뤼에르 치즈 크루아상 레시피에 따라 발효하기 50페이지 참고

아래의 변경 내용을 적용해 햄과 그뤼에르 치즈 크루아상 레시피에 따라 굽기 50페이지 참고

1   크루아상을 오븐에서 꺼내자마자 오븐 장갑을 끼고 카놀리 튜브를 조심스럽게 제거한다.

2   최소한 10분 동안 식힌 뒤 필링을 채우고 완성한다.

뵈프 부르기뇽

Boeuf Bourguignon

6개분

블라인드 베이킹한 크루아상 6개

뵈프 부르기뇽

매시트포테이토

케일 칩

장식용 얇은 트러플 조각

소금과 후추

프랑스의 상징적인 음식 두 가지를 함께 먹어 보면 어떨까? 크루아상과 뵈프 부르기뇽을 한 문장에서 언급하기만 하지 말고 한입에 먹어 보자. 맛있는 각각의 음식을 합친 것보다 훨씬 훌륭한 맛을 느낄 수 있다.

뵈프 부르기뇽

요리용 올리브유

깍둑썰기한 양파 2개

잘게 다진 마늘 3알

얇게 썬 버섯 220g

1cm 크기로 깍둑썰기한 당근 5개

잘게 다진 베이컨 5줄

2cm 크기로 자른 뼈 없는
소고기 덩어리 1.3kg

레드 와인 250g

치킨스톡 500g

토마토 페이스트 90g

간장 60g

다목적용 밀가루 40g

잘게 다진 타임 생잎 2테이블스푼

1 오븐을 컨벡션 오븐 기준 175℃로 예열한다.

2 대형 주물 캐서롤 팬이나 더치 오븐에 올리브유를 두르고 중불에 달군다. 양파와 마늘을 넣고 반투명해지고 수분이 배어 나올 때까지 볶는다. 버섯을 넣고 10분간 조리한 뒤, 당근을 넣고 자주 저어 주며 10분간 더 조리한다. 구멍이 뚫려 있는 요리용 숟가락으로 볶은 채소들을 건져 볼에 잠시 옮겨 두고 다른 재료를 요리한다.

3 같은 캐서롤 팬에 베이컨을 넣고 중불로 조리한다. 지글지글 구워지고 바삭해지기 시작하면 구멍 뚫린 숟가락을 사용해 볶은 양파와 당근을 담아 둔 볼에 베이컨도 옮겨 둔다.

4 소고기에 간을 하고 일부를 캐서롤 팬에 넣어 중강불에 소고기의 각 면을 2~3분간 굽는다. 소량씩 나누어서 굽도록 한다. 팬에 고기가 너무 꽉 차지 않도록 한다. 소고기의 겉면이 갈색이 되고 약간 캐러멜화될 정도로만 구워야 하고, 수분에 찌듯이 익히면 안 되기 때문이다. 구운 소고기는 접시에 덜어 둔다.

5 모든 소고기의 겉면을 익혔다면 캐서롤 팬에 레드 와인을 부어 디글레이징한다. 팬의 바닥과 옆면에 눌어붙은 부분을 긁어내는 것이다. 레드 와인을 살짝 졸인 뒤 치킨스톡, 토마토 페이스트, 간장을 넣는다. 밀가루를 추가하고 거품기로 저어 잘 섞는다. 미리 조리해 따로 두었던 모든 재료와 타임 생잎을 캐서롤 팬에 넣고 잘 저은 후, 뚜껑을 덮어 오븐에 넣는다. 뵈프 부르기뇽은 고기가 부드러워져서 부서질 때까지 1시간 반에서 2시간 정도 굽는다. 1시간째부터는 스튜를 확인하고 고기가 마르지 않도록 조심스럽게 저어 준다.

6 뵈프 부르기뇽을 하루 전에 만들었다면, 밀폐 용기에 넣어 냉장고에 보관한다.

매시트포테이토

암염

세척하고 껍질을 벗기지 않은 홍감자 500g

농후 크림 125g

버터 50g

1 이 매시트포테이토 레시피에서는 감자를 삶지 않고 오븐에서 익힌다.

2 오븐을 컨벡션 오븐 기준 180℃로 예열한다.

3 베이킹 트레이를 암염으로 완전히 덮고, 소금 위에 세척한 감자를 통째로 올린다. 소금은 감자에서 나오는 수분을 흡수하는 역할을 한다. 감자를 1시간에서 1시간 반 정도 굽는다. 감자의 크기에 따라 걸리는 시간이 다르다. 감자가 클수록 굽는 시간도 길어진다. 과도가 저항 없이 감자에 쑥 들어가면 다 익은 것이다. 오븐에서 꺼낸 감자는 반으로 잘라 숟가락으로 조심스럽게 속을 파낸다.

4 볼 위에 고운 체를 놓고 페이스트리 스크래퍼를 사용해 감자를 통과시킨다. 감자를 냄비로 옮기고 크림과 버터를 넣어 약불에 올린다. 부드럽고 크림 같은 질감이 될 때까지 잘 섞는다. 맛을 봐 가며 소금과 후추로 간한다. →

케일 칩
케일 1다발

1 오븐을 컨벡션 오븐 기준 100℃로 예열하고 여러 개의 베이킹 트레이에 유산지를 깐다.

2 큰 냄비에 물을 끓이고 얼음물이 담긴 큰 볼을 준비한다.

3 케일 줄기의 양쪽에 과도를 대고 위로 훑어 잎을 조심스럽게 줄기에서 잘라낸다. 잎을 잘 씻은 후 끓는 물에 2분간 데친다. 데친 후 곧바로 얼음물에 담가 잔열로 더 익지 않도록 해야 케일의 색이 유지된다.

4 키친타월로 케일을 두드려 물기를 꼼꼼히 제거한다. 수분이 조금이라도 남아 있으면 케일 칩이 바삭하지 않게 된다.

5 데치고 수분을 제거한 케일 잎을 베이킹 트레이에 겹치지 않게 놓는다. 트레이에 케일을 너무 많이 놓지 않도록 주의한다. 잎이 바삭해지려면 주위에 공기가 필요하기 때문이다. 소금을 넉넉히 뿌려 간하고, 바삭하게 건조될 때까지 45~60분간 굽는다.

마무리하기

1 뵈프 부르기뇽 크루아상을 만들기 직전에 뵈프 부르기뇽을 작은 냄비에 데운 후 짤주머니에 담는다.

2 뵈프 부르기뇽과 마찬가지로, 매시트포테이토를 미리 만들어 두었다면 직전에 작은 냄비에 데우도록 한다. 매시트포테이토를 숟가락으로 넉넉히 떠서 각 접시에 담는다. 디저트용 숟가락의 뒷면으로 매시트포테이토 위에 움푹 들어간 작은 구멍을 만든다.

3 뵈프 부르기뇽을 담은 짤주머니의 끝을 잘라 약 1cm짜리 구멍을 낸다. 소고기가 빠져나올 수 있을 정도의 크기면 된다. 블라인드 베이킹한 크루아상의 양쪽 끝에 뵈프 부르기뇽을 넉넉하게 짜 넣는다. 크루아상이 훨씬 무거워질 것이다. 짤주머니를 사용하지 않는 경우, 뵈프 부르기뇽을 크루아상의 구멍에 숟가락으로 떠 넣어도 된다.

4 크루아상을 매시트포테이토 옆에 놓고 케일 칩으로 장식한 후 얇은 트러플 조각을 놓아 완성한다.

5 나머지 크루아상에도 같은 과정을 반복한다.

프라이드치킨 크루아상
Fried Chicken Croissants

5개분

굽기 전에 단맛의 파프리카 가루 한 꼬집을
뿌려 블라인드 베이킹한 크루아상 5개

치킨 텐더

튀김용 식물성 기름

내슈빌 핫소스

함께 먹을 수 있는 큐피 마요네즈,
버터밀크 코울슬로, 딜 피클

아주 오래전, 룬에서는 피츠로이의 벨레스 핫 치킨Belles Hot Chicken과 협업해 멜버른 시민들에게 즐거운 밤을 선사하기 위해 '더블 다운Double Down' 행사를 기획했다. 당시 행사에서는 치킨 텐더 두 조각과 적절하게 속을 달래주는 몇 가지 양념을 클래식한 크루아상 속에 넣어 제공했다.

블라인드 베이킹 크루아상의 등장 이후, 룬에서는 더블 다운 행사에서 영감을 받아 룬 랩에서 재해석한 프라이드치킨 크루아상을 개발해 보기로 했다. 이 크루아상은 지금껏 경험했던 프라이드치킨 버거 중 최고일 것이다.

딜 피클

미니 오이 1kg

천일염 85g

통 흑후추 10g

고수 씨 10g

머스터드 씨 10g

월계수 잎 2장

화이트 와인 식초 700g

정제 설탕(매우 고운 것) 100g

딜 잔가지 한 움큼

최소 2주 전에 준비하기

1 미니 오이를 통째로 큰 볼에 넣고 소금으로 덮어 잘 버무린다. 볼을 랩으로 덮어 하룻밤 둔다.

2 다음날이 되면 오이에서 수분이 빠져나와 소금물이 생겼을 것이다. 소금이 채 다 녹지 않아 오이 표면은 아직 까끌까끌하게 알갱이가 느껴지는 상태다. 소금물을 따라내어 100g은 닭고기를 재는 마리네이드용으로 따로 두고, 나머지는 냄비에 옮겨 담는다.

3 마른 프라이팬에 향신료를 넣고 향이 날 때까지 강불에 굽는다.

4 월계수 잎, 화이트 와인 식초, 매우 고운 정제 설탕을 소금물을 담아 둔 냄비에 넣고, 설탕이 녹도록 저어 가며 끓인다.

5 오이를 살균한 여러 개의 병에 옮겨 담는다. 오이가 빽빽이 담겼는지 확인한 후 딜을 넣는다. 뜨거운 절임용 소금물을 병에 부어 오이가 완전히 잠기도록 한다. 실온에서 완전히 식힌 후 뚜껑을 닫고 냉장고에 넣어 보관한다.

치킨 텐더

닭 안심 500g

버터밀크 400g

딜 피클 소금물(위 레시피) 100g

살짝 휘저은 달걀 2개

하루 전에 준비하기

1 닭고기가 크루아상 구멍에 들어갈 수 있도록 다듬는다. 가장 넓은 부분이 2cm를 넘지 않도록 한다. 다듬은 닭고기는 얕은 베이킹용 접시에 놓는다.

2 버터밀크, 딜 피클 소금물, 달걀을 볼에 넣고 휘저어 섞는다. 완성한 마리네이드를 닭고기 위에 붓고 접시를 랩으로 덮어 냉장고에 24시간 둔다.

내슈빌 핫소스

정제 버터(10페이지 참고) 혹은
기ghee 버터 115g

황설탕 20g

카옌 페퍼 가루 30g

훈제 파프리카 가루 10g

마늘 가루 3g

1 작은 냄비에 정제 버터를 넣고 중불에 올려 녹인다. 나머지 모든 재료를 녹은 버터에 넣고 유화될 때까지 약불에서 1분간 젓는다. 완성된 내슈빌 핫소스는 식혀서 냉장고에 보관한다. →

버터밀크 코울슬로

가늘게 채 썬 양배추 300g

얇게 썬 적양파 1/2개

껍질을 벗기고 굵게 간 당근 1개

큐피 마요네즈 30g

버터밀크 90g

디종 머스터드 1티스푼

사과 초모 식초 1티스푼

정제 설탕(매우 고운 것) 5g

1 양배추, 적양파, 당근을 큰 볼에 담고 간을 한 뒤 잘 뒤섞는다. 다른 볼에 나머지 재료를 넣고 휘저어 드레싱을 만든다. 드레싱을 양배추, 적양파, 당근에 붓고 골고루 뒤섞는다. 간을 본 후, 크루아상을 완성하기 전까지 냉장고에 보관한다.

닭고기용 향신료 가루 믹스

다목적용 밀가루 400g

옥수숫가루(옥수수 전분) 200g

마늘 가루 20g

양파 가루 30g

단 파프리카 가루 20g

매운 파프리카 가루 20g

카옌 페퍼 가루 10g

1 덩어리가 없도록 모든 재료를 체에 쳐서 큰 볼에 담고, 향신료가 밀가루 안에 골고루 퍼지도록 휘저어 잘 섞는다.

마무리하기

1 마리네이드한 닭고기를 튀기기 30분 전에 냉장고에서 꺼낸다.

2 깊은 냄비에 최소 8cm 깊이로 튀김용 식물성 기름을 붓고 180℃로 가열한다. 온도계를 사용해 온도를 확인한다.

3 기름이 적정 온도가 되면 닭고기를 마리네이드에서 건지고, 향신료 믹스에 담갔다가 꺼낸 후 흔들어 뭉친 가루 덩어리를 털어낸다. 튀김옷을 두껍게 입히는 것이 아니라 가루를 가볍게 묻히는 것이 중요하다. 모든 닭고기에 향신료 가루를 묻힌 후에 튀기기 시작하기를 권한다.

4 냄비의 크기에 따라 닭고기를 한 번에 3~4개씩 나눠서 튀긴다. 6~7분간 튀긴 후 구멍이 뚫린 주걱으로 닭고기를 건지고 키친타월에 올려 기름을 뺀다. 첫 회분의 닭고기를 튀겨낸 후, 온도계를 사용해 그중 하나의 내부 온도가 최소 70℃인지 확인한다.

5 닭고기를 튀기는 동안 다른 냄비에 내슈빌 핫소스를 다시 데운다. 닭고기를 튀기자마자 따뜻한 내슈빌 핫소스 소량을 닭고기에 바른다.

6 닭고기를 크루아상 가운데 구멍에 조심스럽게 밀어 넣고, 크루아상의 열린 양쪽 끝에 큐피 마요네즈를 약간 바른다.

7 각 접시의 가운데를 약간 벗어난 자리에 코울슬로로 작은 더미를 쌓는다. 여러 개의 오이 피클을 세로 방향으로 자르고, 코울슬로 위에 피클을 두 조각씩 얹는다.

8 프라이드치킨 크루아상을 각 접시의 코울슬로 옆에 넣는다.

남은 치킨 텐더는 마음껏 먹을 수 있도록, 코울슬로와 함께 접시에 담아 보자.

랍스터 '롤'

Lobster 'Rolls'

6개분

익히고 껍질을 제거한 랍스터 꼬리 2개

깍둑썰기한 아보카도 1개

마요네즈

잘게 썬 차이브 1다발

굵게 썬 미니 로메인상추

딜 1다발의 잎 부분

비네그레트 드레싱

블라인드 베이킹한 크루아상 6개

랍스터 롤은 일반적으로는 긴 브리오슈 번으로 만든다. 거기서 한 단계 더 나아가 번 대신 크루아상을 사용하는 것도 아주 맛있다.

마요네즈

노른자 4개

핫 잉글리시 머스터드 25g

디종 머스터드 10g

홀그레인 머스터드 5g

화이트 와인 식초 1테이블스푼

레몬즙 1티스푼

마늘 콩피 1알

소금 한 꼬집

카놀라유(혹은 다른 무미, 무취의 기름) 375g

뜨거운 물 1~2테이블스푼

1 노른자, 머스터드, 화이트 와인 식초, 레몬즙, 마늘, 소금을 푸드 프로세서에 넣고 갈아서 섞는다.

2 푸드 프로세서가 작동하고 있는 동안 카놀라유를 일정하고 느린 속도로 붓는다. 기름의 절반 분량이 투입되면 내용물이 걸쭉해지기 시작한다.

3 이 시점에 뜨거운 물 1테이블스푼을 넣는다. 계속 작동 중인 푸드 프로세서에 나머지 기름을 부어 넣는다.

4 기름을 다 넣고 나서도 마요네즈가 아직 너무 걸쭉하다면 농도가 묽어지도록 뜨거운 물을 더 넣는다. 이 마요네즈는 랍스터 크루아상에 가볍게 바를 용도이므로 일반적인 마요네즈보다는 드레싱에 더 가까운 농도가 되어야 한다.

5 용기에 옮겨 담고 사용 전까지 냉장고에 보관한다.

비네그레트 드레싱

셰리 식초 100g

레몬즙 50g

플레이크 천일염 15g

올리브유(엑스트라 버진 추천) 350g

흑후추 적당량

1 올리브유를 제외한 모든 재료를 계량해 볼에 담은 뒤, 올리브유를 일정하고 느린 속도로 부어 넣으면서 드레싱을 젓는다. 올리브유를 전량 다 넣을 때까지 계속 저어서 드레싱을 유화시킨다. 간을 보아가며 소금과 후추를 넣는다. 사용 전까지 한쪽에 둔다.

마무리하기

1 랍스터 살을 1cm 크기로 깍둑썰기하고 아보카도와 함께 볼에 담는다. 마요네즈를 넣어 섞고 간을 한다. 차이브를 뿌린다.

2 로메인상추와 딜을 비네그레트 드레싱에 가볍게 버무리고 간을 한다.

3 로메인상추 몇 조각을 크루아상 안에 넣는다. 양쪽 끝으로 잎이 살짝 삐져나오게 한다. 잎은 장식이 될 뿐만 아니라 랍스터 필링이 빠져나왔을 때 받치는 역할도 한다.

4 숟가락으로 랍스터 살을 넉넉히 떠서 크루아상의 구멍 양쪽 안으로 조심스럽게 집어넣는다. 크루아상 가운데 부분까지 잘 채운다.

디저트

피츠로이

2015

Fitzroy

2014년 8월, 캠과 나는 피츠로이에 있는 오래된 창고를 보러 갔다. 주택가의 좁은 일방통행 골목 끝 한적한 곳에 있는 이 건물은 엘우드 매장의 20배는 되어 보이고 농구장만큼이나 컸다. 〈오션스 일레븐〉에서 천재 범죄자들이 은행 금고의 완벽한 복제품을 만들었던 창고를 연상시켰고, 비밀스러운 은신처와 같은 분위기를 풍겼다. 예상했던 것보다 훨씬 큰 건물이었지만, 우리에게는 희망이 보였다.

이렇게 큰 공간에서는, 특히 건물의 노후도를 고려하면 온도나 습도 등을 통제하기란 거의 불가능했다. 따라서 우리는 한가운데에 방을 만들면 어떨지 상상했다. 유리로 만든 방을 만들면 손님들은 셰프들이 진심을 다해 크루아상을 만드는 모습을 볼 수 있고, 반대로 셰프들도 그들의 작품을 손님들이 즐기는 모습을 볼 수 있게 될 터였다. 이 공간은 모든 표면이 깨끗하고 흠이 없는 실험실처럼 만들어 룬이 추구하는 디테일과 완벽함을 보여주는 동시에, 지난 시간 동안 수많은 사람들이 거쳐 간 이 건물의 낡은 벽돌벽과 완전한 대조를 이루게 할 생각이었다. 우리는 지나가던 사람들이 예상 밖의 광경을 흘낏 보고 놀라서 다시 쳐다보는 모습도 상상했다.

이 콘셉트는 베이커리스럽지 않았다. 식품 사업장의 일반적인 배치를 완전히 뒤집었다. 이 공간을 구성할 때 최고의 우선순위는 크루아상 생산을 위한 완벽한 환경과 작업의 흐름이었다. 타협의 여지없이 기능만을 위해 설계할 예정이었다. 그러나 사용자의 경험을 염두에 두고 공간을 만들면, 보통은 의도하지 않았음에도 아름다운 형태의 결과물을 얻게 된다. 온전히 그들만을 위해 계획하고 만들어진 환경에서 일하는 사람들의 모습을 보는 것은 마치 잘 짜인 안무를 소화하는 댄서들을 보는 것과 같기 때문이다. 그들의 모든 움직임은 꼭 필요하고 의도된 것이며 동료 댄서들과 조화를 이룬다. 룬의 투명한 유리 큐브 맞은편에 앉아 본 사람은 이것이 어떤 의미인지를 알 것이다.

2015년 10월, 룬의 본점이 피츠로이에 문을 열었다.

배 타르트 타탱

Pear Tarte Tatin

6개분

지름 11cm짜리 스프링폼 틀 6개

32×24cm 크기로 민 페이스트리 반죽 1회분

부드러운 버터

정제 설탕(매우 고운 것)

플레이크 천일염

졸인 배

배 캐러멜

함께 먹을 바닐라 아이크스림

음식에서 뜨거움과 차가움의 조합만큼이나 좋은 것은 없다. 특히나 차가움을 담당하는 요소가 벨벳처럼 부드럽고 진하며 입안을 진정시켜 주고 방금 녹았어도 여전히 시원한 아이스크림이라면 말이다.

배 타르트 타탱의 진정한 매력은 말 그대로 오븐에서 꺼내자마자 따뜻한 상태로 먹을 수 있다는 점이다. 캐러멜은 아직도 부글대는 황금빛의 아름다운 액체 상태다. 아이스크림은 한 스쿱 떠서 타르트 타탱에 올리자마자 녹기 시작해 차갑게 얼은 구체에서 진하고 시원한 바닐라 아이스크림의 작은 웅덩이로 시시각각 변하기 시작한다. 그리고 천천히 배와 페이스트리 구석구석으로 흘러 들어가기 시작한다.

이 레시피에는 베르 보스크 배beurre bosc나 컨퍼런스 배conference pears처럼 다 익은 후에도 단단한 배 품종을 추천한다. 배를 먼저 졸인 후 오븐에 굽는 두 번의 가열 과정을 거치기 때문에 너무 물러지지 않을 배가 좋다.

졸인 배

정제 설탕(매우 고운 것) 1kg

물 850g

화이트 와인 650g

4등분한 레몬 1개

씨를 긁어낸 바닐라 꼬투리 1개

팔각 1개

시나몬 스틱 2개

껍질을 벗기고 심을 제거한 후
4등분한 단단한 배 1kg

1 설탕, 물, 화이트 와인을 큰 냄비에 넣고 강불에 팔팔 끓인 후 레몬, 바닐라 꼬투리, 팔각, 시나몬 스틱을 넣는다.

2 끓고 있는 시럽에 4등분한 배를 넣고 카르투슈를 덮어 배가 시럽에 계속 잠겨 있도록 한다. 배가 과하게 익지 않도록 잘 관찰하면서 약불에 10~15분간 졸인다. 나중에 오븐에서 배를 한 번 더 굽게 되므로 이 단계에서는 배가 너무 익기보다는 약간 덜 익는 편이 낫다. 배를 과도로 찔렀을 때 저항 없이 쑥 들어가면 완성된 것이다.

3 구멍이 뚫린 주걱으로 배를 건져 얕고 큰 용기에 옮겨 담는다. 졸임용 시럽은 실온으로 식힌 후 배 위에 붓는다. 사용 전까지 냉장고에 보관한다.

배 캐러멜

정제 설탕(매우 고운 것) 600g

시나몬 가루 1티스푼

믹스트 스파이스 1티스푼

졸임용 시럽 75g

바닐라 익스트랙트 10g

1 깨끗하고 마른 냄비를 중불에 올린다. 냄비가 달궈지면 약간의 설탕을 조금씩 뿌려 넣고, 녹을 때까지 기다렸다가 약간의 설탕을 또 뿌려 넣는다. 매번 먼저 넣은 설탕이 완전히 녹을 때까지 기다렸다가 설탕을 추가한다. 설탕이 다 녹고 고르게 캐러멜화되어 밝은 호박색을 띠면 냄비를 불에서 내리고 향신료를 넣는다.

2 졸임용 시럽을 천천히 넣는다. 시럽을 넣을 때마다 캐러멜이 뭉치지 않도록 강하게 휘젓는다. 시럽을 다 넣고 나면 잘 저어 섞은 후 불에서 내린다.

3 사용하기 전까지 한쪽에 둔다.

원형의 페이스트리 준비하기

1 지름 10cm짜리 원형 커터로 페이스트리 반죽에서 원형 6개를 잘라 낸다. 잘라 낸 페이스트리를 유산지를 깐 트레이로 옮겨 모든 재료를 조합하기 전까지 냉장고에 보관한다. →

| **틀 준비하기** | **1**   브러시로 부드러운 버터를 스프링폼 틀에 넉넉하게 바른다. 틀의 바닥에는 원형의 유산지를 깔고, 유산지의 윗면에도 버터를 바른다. 각 틀에 설탕 1테이블스푼을 붓고 틀을 흔들어 바닥과 옆면이 설탕으로 고르게 코팅되도록 한다. 마지막으로 플레이크 천일염을 크게 한 꼬집 집어 각 틀 바닥에 뿌린다. 틀을 베이킹 트레이에 올려 한쪽에 둔다. |

| **조합하기** | **1**   배 캐러멜 35g을 각 틀 바닥에 붓는다. |

2   다음으로 졸인 배를 준비한다. 타르트 타탱 1개당 4등분한 배가 두 조각씩 필요하므로, 총 열두 조각을 꺼낸다. 키친타월에 배 조각을 놓아 여분의 시럽을 흡수시킨다. 배를 2mm 두께의 얇은 슬라이스 조각으로 길게 자른다.

3   4등분한 배 두 조각 분량의 슬라이스 조각들을 원형으로 펼쳐서 틀에 부어 둔 캐러멜 위에 놓는다. 모든 틀에 같은 과정을 반복한다.

4   마지막으로 커터로 잘라 둔 원형의 페이스트리를 배 조각 위에 얹는다. 발효하고 굽고 난 뒤 틀을 뒤집으면 페이스트리는 아래에 놓일 것이다.

| **발효하기** | **1**   6개의 틀을 베이킹 트레이 위에 배치한 후 불이 꺼진 오븐에 넣고 아래 칸에는 끓는 물이 담긴 그릇을 넣는다. 반죽이 둥그렇게 잘 부풀고 광택이 나며 틀 가장자리에 닿을 때까지 5~6시간 발효한다. |

| **굽기** | **1**   발효된 타르트 타탱과 물이 담긴 그릇을 오븐에서 꺼낸 다음, 오븐을 컨벡션 오븐 기준 210℃로 예열한다. |

2   오븐이 예열되면 타르트 타탱이 놓인 트레이를 오븐에 넣고 210℃에서 5분간 구운 후, 온도를 160℃로 낮추어 페이스트리가 짙은 황갈색을 띠고 캐러멜이 틀 옆면으로 끓어오를 때까지 10~12분간 더 굽는다.

3   오븐에서 트레이를 꺼낸다. 오븐 장갑을 끼고 즉시 접시 위에 틀째 뒤집는다. 타르트 타탱이 잠시라도 틀 안에서 식게 되면 캐러멜이 굳어서 틀에 달라붙어 떨어지지 않을 것이다.

4   가장 좋은 품질의 바닐라 아이스크림을 한 스쿱 떠서 뜨거운 타르트 타탱 가운데에 올려 완성한다.

파리 브레스트

Paris-Brest

6개분

헤이즐넛 파르페

휘핑한 헤비 크림 300g

초콜릿 헤이즐넛 가나슈

하루 전에 미리 만들어 둔 둘세 데 레체
('필수 재료' 264페이지 참고)

헤이즐넛 프랄린

캔디드 헤이즐넛

이 레시피에서는 파리 브레스트에서 일반적으로 사용하는 슈 페이스트리 대신 퀸아망을 페이스트리 베이스로 사용한다. 프랑스의 전통적인 디저트인 파리 브레스트의 페이스트리 베이스는 자전거 바퀴를 상징하는 둥근 고리 모양으로 만드는데, 이는 파리와 브레스트를 왕복하는 코스로 매년 열리는 자전거 경주 대회를 기념하는 의미다.

이 레시피는 유지방이 많이 들어가서 맛이 진하고 단맛도 강하므로 가벼운 메인 요리 다음에 먹는 것을 추천한다. 프랄린 페이스트는 대부분의 베이킹 재료 전문점에서 구할 수 있다.

성형하기

유지를 바르고 유산지를 두른 지름 11cm짜리 스프링폼 틀의 링 부분 6개

지름 3cm짜리 원형 커터

유지를 바르고 바깥면에 유산지를 두른 지름 3cm짜리 식품용 금속 고리 6개

퀸아망(에스카르고)용으로 밀고 잘라 둔 페이스트리 반죽 1회분

부드러운 버터 100g

정제 설탕(매우 고운 것)

플레이크 천일염

1 유산지를 깐 베이킹 트레이 위에 스프링폼 틀을 놓는다.

2 퀸아망용으로 밀고 잘라 둔 긴 페이스트리 반죽 6개 위에 부드러운 버터를 브러시로 고르게 바른다. 버터 위에 정제 설탕을 고르게 뿌려 덮되, 각 반죽의 마지막 3cm는 설탕을 뿌리지 않는다. 검지로 설탕을 고르게 편다.

3 첫 번째 반죽을 조심스럽게 몸쪽으로 만다. 말 때는 거의 힘을 주지 않는다. 이제 소용돌이 모양이 된 반죽을 조심스럽게 들어 올려 윗면과 아랫면을 설탕에 담갔다가 틀 중앙에 놓는다. 나머지 반죽에도 같은 과정을 반복한다.

4 성형한 퀸아망이 놓인 베이킹 트레이는 발효하기 전까지 냉장고에 넣어 둔다.

발효하기

1 퀸아망을 팬닝해 둔 트레이를 불이 꺼진 오븐에 넣고 아래 칸에 끓는 물이 담긴 그릇을 넣은 후 5~6시간 동안 발효시킨다. 반죽이 두 배 이상으로 커지고 틀 옆면에 닿을 정도로 부풀어 오르면 발효가 다 된 것이다.

굽기

1 발효된 퀸아망이 놓인 트레이를 오븐에서 꺼내 냉장고에 넣고, 만졌을 때 단단한 느낌이 들 때까지 20~30분간 둔다.

2 그동안 물이 담긴 그릇을 오븐에서 꺼내고 오븐을 컨벡션 오븐 기준 210℃로 예열한다.

3 원형 커터로 각 퀸아망의 중앙부를 잘라 내고, 그 자리에 유산지를 두른 지름 3cm짜리 금속 고리를 놓는다. 6개의 퀸아망을 한 장의 유산지로 덮고, 그 위에 다른 트레이를 놓은 후 무거운 것을 올려 둔다. 오븐에서 퀸아망이 부풀어 오를 때 윗면을 평평하게 유지하기 위함이다.

4 예열된 오븐에 넣어 5분간 구운 후, 오븐 온도를 160℃로 낮추어 16분간 더 굽는다.

5 다 굽고 나면 오븐에서 퀸아망을 꺼낸다. 오븐 장갑을 끼고 위에 올려 둔 트레이, 스프링폼 틀, 금속 고리를 조심스럽게 제거한다. 그런 다음 퀸아망을 다시 오븐에 넣어 황갈색이 되고 캐러멜화될 때까지 5분간 굽는다.

6 완전히 식힌다. →

헤이즐넛 프랄린

헤이즐넛 250g

설탕 500g

물 50g

버터 50g

소금 5g

1 오븐을 컨벡션 오븐 기준 170℃로 예열한다.

2 베이킹 트레이에 헤이즐넛을 담아 황갈색이 될 때까지 10분간 굽는다.

3 헤이즐넛을 굽는 동안 냄비에 설탕과 물을 넣고 중불에 올려 설탕이 짙은 캐러멜색이 될 때까지 끓인다. 조심스럽게 버터와 소금을 넣고 잘 저어 버터와 캐러멜을 유화시킨다.

4 구운 헤이즐넛을 넣고 내열 소재의 숟가락이나 스패츌러로 저어 캐러멜과 잘 섞어 헤이즐넛이 캐러멜로 완전히 코팅되도록 한다. 캐러멜로 덮인 헤이즐넛을 유산지를 깐 베이킹 트레이에 따라내어 실온으로 완전히 식힌다.

5 헤이즐넛이 완전히 식으면 큰 덩어리로 부순 뒤 푸드 프로세서에 조금씩 넣어 굵은 프랄린 조각을 만든다. 가루로 만들지 않도록 주의한다. 밀폐 용기에 보관한다.

헤이즐넛 파르페

농후 크림 300g

프랄린 페이스트 35g

노른자 6개

정제 설탕(매우 고운 것) 120g

물 45g

찬물에 불려 둔 판 젤라틴 1장(골드 강도)

헤이즐넛 프랄린 90g

1 약 30×20cm의 깊은 트레이에 유지를 바르고 유산지를 깐다.

2 볼에 농후 크림과 프랄린 페이스트를 넣고, 휘스크를 끼운 스탠드 믹서로 부드러운 뿔이 생길 때까지 휘핑한 다음 깨끗한 다른 볼에 옮겨 담아 냉장고에 보관해 둔다.

3 볼에 노른자와 매우 고운 정제 설탕 40g을 넣고, 휘스크를 끼운 스탠드 믹서로 연한 색의 거품처럼 될 때까지 휘핑한다.

4 노른자를 휘핑하는 동안 작은 냄비에 나머지 설탕 80g과 물을 넣고 중불에 끓인다. 설탕공예용 온도계로 온도를 확인하며 지켜보다가 설탕 시럽 온도가 110℃가 되면 불에서 내린다.

5 불려 둔 판 젤라틴을 뜨거운 설탕 시럽에 넣고 저어서 녹인다. 젤라틴과 함께 녹인 설탕 시럽을 천천히 휘핑 중인 노른자에 붓는다. 시럽을 다 붓고 나면 볼이 피부 온도와 비슷하게 느껴질 때까지 계속 휘핑한다.

6 냉장고에 넣어 둔 크림을 꺼내고, 그중 4분의 1을 휘핑하고 있던 노른자 혼합물에 넣어 부드럽게 섞는다. 나머지 크림을 전부 섞어 넣고 냉장고에 넣어 10분간 둔다.

7 파르페가 약간 굳으면, 헤이즐넛 프랄린을 뿌리고 부드럽게 섞는다. 유지를 바르고 유산지를 깔아 둔 트레이에 파르페를 옮겨 담고 최대한 고르게 편 후, 트레이를 작업대에 가볍게 한 번 쳐서 파르페가 완전히 평평해지도록 한다. 트레이를 알루미늄 포일로 덮고 냉동실에 넣어 완전히 굳힌다.

8 파르페가 완전히 굳었다면, 트레이를 냉동실에서 꺼내 조심스럽게 도마 위에 뒤집어 파르페를 꺼낸다. 지름 10cm짜리 원형 커터로 빠르게 원형의 파르페 6개를 잘라 낸다. 각 원형의 파르페 가운데에 지름 3cm짜리 구멍을 낸다. 이렇게 만들어진 고리 모양의 냉동 파르페는 유산지를 깐 얕은 용기에 담아 다시 냉동실에 넣어 둔다.

디저트

초콜릿 헤이즐넛 가나슈

농후 크림 150g

소금 한 꼬집

헤이즐넛 프랄린 페이스트 50g

밀크 초콜릿 150g

실온의 버터 20g

1 크림, 소금, 헤이즐넛 프랄린 페이스트를 작은 냄비에 넣고 부글부글 끓어오르기 전까지 끓인다. 프랄린 페이스트가 눌어붙지 않도록 저어 가며 끓인다.

2 그동안 밀크 초콜릿과 버터를 계량해 작은 내열 소재의 볼에 담는다.

3 뜨겁게 끓인 크림을 초콜릿과 버터에 부으면서, 초콜릿이 녹아 크림과 섞이도록 젓는다.

4 실온으로 완전히 식힌 후 볼을 랩으로 덮어 가나슈가 굳도록 하룻밤 둔다.

5 다음날 가나슈를 짤주머니에 옮겨 담는다.

캔디드 헤이즐넛

헤이즐넛 250g

튀김용 식물성 기름

물 75g

정제 설탕(매우 고운 것) 125g

플레이크 천일염

1 오븐을 컨벡션 오븐 기준 170℃로 예열한다.

2 잘 드는 칼로 헤이즐넛의 갈라진 부분을 따라 조심스럽게 반으로 자른다. 모든 헤이즐넛을 반으로 잘랐다면, 베이킹 트레이로 옮겨 10분간 굽는다.

3 중간 크기의 냄비에 절반 깊이까지 튀김용 식물성 기름을 붓고 약 180℃의 온도로 가열한다.

4 다른 작은 냄비에 물과 설탕을 넣고 끓인다. 반으로 자른 헤이즐넛을 넣고, 설탕공예용 온도계로 확인했을 때 시럽의 온도가 110℃가 될 때까지 끓인다. 110℃가 되자마자 고운 체로 헤이즐넛을 건져 완전히 물기를 제거한 후, 뜨거운 기름에 넣어 2분간 튀긴다.

5 헤이즐넛이 진한 황갈색을 띠면 구멍이 뚫린 주걱으로 기름에서 건져 곧바로 유산지를 깐 트레이에 옮긴다. 뜨거운 헤이즐넛 위에 플레이크 천일염을 넉넉히 뿌린다.

6 헤이즐넛이 완전히 식고 나면 밀폐 용기에 보관한다.

조합하기

1 큰 빵칼로 고리 모양의 퀸아망을 반으로 자른다. 샌드위치를 만들기 위해 베이글을 반으로 자를 때처럼 자른다. 각 퀸아망의 위쪽 절반을 아래쪽 절반 옆에 놓는다.

2 퀸아망의 아래 절반 위에 헤이즐넛 파르페 고리를 놓는다. 가운데 구멍이 맞춰지도록 한다. 파르페 위에 퀸아망의 위 절반을 얹는다.

3 휘핑한 헤비 크림 300g을 짤주머니에 담는다. 짤주머니의 끝부분을 잘라 약 5mm의 구멍을 낸다. 각 퀸아망의 동서남북 위치에 크림 방울을 4개 짠다.

4 이제 초콜릿 헤이즐넛 가나슈 짤주머니의 끝부분을 잘라 5mm의 구멍을 낸다. 각 크림 방울의 바로 오른쪽에 약간 더 작은 크기의 가나슈 방울을 짠다. 둘세 데 레체로 같은 과정을 반복한다. 이렇게 하면 크림, 가나슈, 둘세 데 레체 방울이 번갈아 가며 이어지는 하나의 원이 생긴다.

5 마지막으로 매 두 번째 방울 위에 캔디드 헤이즐넛을 잘린 단면이 위를 향하도록 놓는다. 각 파리 브레스트 위에는 총 6조각의 캔디드 헤이즐넛이 올라가게 된다.

딸기 치즈케이크 밀푀유

Strawberry Cheesecake Mille-Feuille

6개분

캐러멜화한 페이스트리

치즈케이크

딸기 글레이즈

딸기 젤리

크렘 디플로마

딸기 250g

룬 랩에서 딸기 치즈케이크 밀푀유를 선보일 당시, 어떤 친구가 바비큐 파티에 나를 초대하면서 디저트를 가지고 와 달라고 부탁했다. 이 부탁은 사실 어려운 요청이었는데, 친구가 단것을 매우 싫어했기 때문이다. 두려움을 안고 몇 인분의 딸기 치즈케이크 밀푀유를 가지고 파티에 갔다. 다행히 친구는 마지막에 한 접시를 더 먹으면서 정말 맛있어했다.

이 디저트의 매력은 유지방이 많이 들어가서 풍부하고 복합적인 맛을 지니고 있으면서도 치즈케이크와 젤리는 너무 달지 않다는 점이다. 상큼한 딸기를 가미한 이 밀푀유는 완벽하고 우아하게 식사를 마무리해 준다. 크렘 디플로마 레시피에는 젤라틴이 들어간다. 이는 크렘 디플로마가 흐트러지거나 밀푀유의 옆면으로 흘러나오지 않게 하기 위해서다.

캐러멜화한 페이스트리

22×40cm 크기로 민 페이스트리 반죽 1회분

정제 설탕(매우 고운 것)

1 대형 베이킹 트레이에 유산지를 깔고 매우 고운 정제 설탕을 고르게 한 겹 뿌린다. 페이스트리 반죽을 조심스럽게 트레이로 옮긴다. 반죽을 밀대 위에 감아서 들어 올린 뒤 설탕을 뿌린 유산지 위에서 풀어놓으면 된다.

2 반죽 윗면에 설탕을 더 뿌린 후 불이 꺼진 오븐에 넣고, 뜨거운 물이 담긴 그릇을 아래 칸에 넣은 후 3시간 동안 발효한다. 3시간이 지나면 반죽은 부풀어 오르고 윤이 나며, 설탕은 녹은 상태가 된다.

3 오븐에서 반죽과 뜨거운 물이 담긴 그릇을 꺼내고, 오븐을 컨벡션 오븐 기준 180℃로 예열한다. 발효된 반죽을 유산지로 덮고, 그 위에 다른 트레이를 놓은 후 무거운 것을 올려 두어 반죽이 평평해지도록 한다.

4 오븐에 넣고 10분간 굽는다.

5 10분이 지나면 페이스트리를 오븐에서 꺼내고, 위쪽의 트레이와 유산지를 제거한 후 다시 오븐에 넣어 짙은 황갈색을 띨 때까지 5분간 더 굽는다.

6 트레이를 오븐에서 꺼낸 후 식힘망 위에 뒤집어 페이스트리를 꺼내고, 부풀었던 페이스트리가 약간 가라앉도록 한다. 완전히 식힌 후 4×9cm짜리 직사각형 18개로 자른다. ➜

셰프의 노트 저녁 식사에 초대한 손님들에게 이 디저트를 대접할 계획이라면 밀푀유를 각각의 접시 위에 놓고 조합하기를 권한다. 최대한 손이 덜 가게 하기 위해서다.

치즈케이크

농후 크림 375g

양젖으로 만든 흰 블루미 린드 치즈 600g
(크림치즈를 사용해도 좋다. 같은 양을
사용하면 되지만, 대신 더 달고 맛이 다른
밀푀유가 된다.)

씨를 긁어낸 바닐라 꼬투리 1개

노른자 3개

정제 설탕(매우 고운 것) 120g

샴페인 50g

찬물에 불려 둔 판 젤라틴 5장(골드 강도)

하루 전에 준비하기

1 약 30×20cm 크기의 깊은 트레이에 유산지를 깐다.

2 농후 크림을 부드러운 뿔이 생길 때까지 휘핑한 후 냉장고에 보관한다.

3 플랫 비터를 끼운 스탠드 믹서로 치즈와 바닐라 빈을 섞는다. 치즈 혼합물을 다른 볼에 옮겨 담고 스탠드 믹서용 볼을 씻는다.

4 스탠드 믹서용 볼에 노른자와 정제 설탕 20g을 넣고 휘스크를 끼운 스탠드 믹서로 연한 거품처럼 될 때까지 휘핑한다.

5 휘핑을 하는 동안 나머지 설탕 100g과 샴페인을 작은 냄비에 넣고 중불에 올려 끓인다. 설탕공예용 온도계로 샴페인 시럽의 온도를 확인하며 지켜보다가 110℃가 되면 불에서 내린다.

6 불려 둔 판 젤라틴을 뜨거운 샴페인 시럽에 넣고 저어서 녹인다. 샴페인 시럽을 천천히 휘핑 중인 노른자에 붓는다. 시럽을 다 붓고 나면 볼이 피부 온도와 비슷하게 느껴질 때까지 계속 휘핑한다.

7 노른자 혼합물을 치즈 혼합물에 조심스럽게 섞어 넣은 후, 휘핑해서 냉장고에 넣어 둔 농후 크림을 조심스럽게 섞는다. 이렇게 만든 치즈케이크 혼합물은 준비해 둔 트레이에 붓고 위를 덮은 후 냉장고에 하룻밤 두어 굳힌다.

딸기 글레이즈

세척한 후 꼭지를 따고 4등분한 딸기 1kg

정제 설탕(매우 고운 것) 100g

하루 전에 준비하기

1 딸기와 설탕을 내열 소재의 볼에 넣는다. 잘 뒤섞어 딸기에 설탕을 입힌다. 볼을 랩으로 단단히 덮는다.

2 그동안 냄비에 물을 3분의 1 깊이까지 채워 끓인 후, 물이 계속 보글대도록 불을 낮춘다. 딸기와 설탕이 든 볼을 끓고 있는 물 위에 올려서 딸기가 물러지고 색이 사라지며 수분이 빠져나오기 시작할 때까지 2~3시간 조리한다.

3 볼을 조심스럽게 냄비에서 꺼내 식힌다. 식힌 후, 볼에 담긴 혼합물을 다른 볼 위에 고운 천을 올리고 하룻밤 동안 두어 딸기즙을 걸러 낸다.

4 걸러 낸 딸기즙 중 100g은 따로 보관하여 완성 후 곁들여 먹고, 나머지는 딸기 젤리를 만드는 데 사용한다.

딸기 젤리

딸기 글레이즈를 만들고 남은 딸기즙

딸기즙 150g당 불려 둔
판 젤라틴 2장씩(골드 강도)

1 딸기즙의 무게를 잰다. 딸기즙 150g당 판 젤라틴 2장씩을 찬물에 넣어 5분간 불린다. 예를 들어 딸기즙이 600g이라면 판 젤라틴 8장을 불린다.

2 작은 냄비에 약간의 딸기즙을 끓인다. 100g 정도면 적당하다. 끓기 시작하면 불려 둔 판 젤라틴을 넣고 완전히 녹을 때까지 젓는다. 젤라틴과 섞은 따뜻한 딸기즙을 차가운 나머지 딸기즙에 붓고 가볍게 저어 섞는다.

3 큰 계량컵을 디지털 저울에 올리고 영점을 맞춘다. 딸기즙과 젤라틴 혼합물 550g을 계량컵에 붓는다. 이제 이 딸기즙을 굳혀 둔 치즈케이크 위에 붓는다. 조심스럽게 냉장고로 옮겨 젤리가 완전히 굳을 때까지 차게 식힌다.

크렘 디플로마

농후 크림 250g 그리고 여분 50g

바닐라 크렘 파티시에르 370g
('필수 재료' 263페이지 참고)

찬물에 불려 둔 판 젤라틴 3장(골드 강도)

레몬 3개분의 제스트

1 농후 크림 250g을 부드러운 뿔이 생길 때까지 휘핑한 후 냉장고에 보관한다.

2 휘스크를 끼운 스탠드 믹서로 바닐라 크렘 파티시에르를 풀어 준다.

3 그동안 농후 크림 50g을 작은 냄비에 넣고 끓이다가, 막 끓어오르려고 할 때 불에서 내리고 불려 둔 판 젤라틴을 넣는다. 젤라틴이 완전히 녹을 때까지 잘 젓는다.

4 크림과 젤라틴 혼합물을 크렘 파티시에르에 넣고 스탠드 믹서로 휘핑해 섞는다.

5 마지막으로 휘핑한 크림과 레몬 제스트를 넣고 조심스럽게 섞는다.

6 완성된 크렘 디플로마를 원형 깍지를 끼운 짤주머니에 옮겨 담는다. 밀푀유를 조합하기 전까지 냉장고에 보관한다.

조합하기

1 미리 구워 둔 18개의 직사각형 페이스트리를 준비한다. 접시 6개에 직사각형 페이스트리를 한 개씩 놓는다.

2 굳혀 둔 치즈케이크와 딸기 젤리를 냉장고에서 꺼내 4×9cm짜리 직사각형 6개로 자른다.

3 각 직사각형 페이스트리 위에 치즈케이크와 딸기 젤리를 한 조각씩 올린다. 모서리를 잘 맞춰서 치즈케이크의 수평이 맞도록 한다.

4 그 위에 다시 직사각형 페이스트리를 한 개씩 올린다.

5 크렘 디플로마를 담은 짤주머니를 냉장고에서 꺼내 두 번째 페이스트리 위에 키세스 초콜릿 모양의 방울을 짠다. 크렘 디플로마 방울 위에 마지막 직사각형 페이스트리를 조심스럽게 올린다.

6 딸기를 매우 얇게 잘라서 밀푀유 맨 위에 올린다. 각 딸기 조각을 약간씩 겹쳐서 밀푀유가 완전히 덮이도록 한다.

7 딸기 글레이즈 100g을 작은 냄비에 넣어 데운 후 브러시를 사용해 매우 섬세하게 딸기 조각 위에 바르면 드디어 이 장대한 버전의 밀푀유가 완성되었다.

이 레시피를 끝까지 완주하면서 한 번도 짜증을 내지 않았다면, 룬 홈페이지의 직원 채용 페이지에 접속하라고 권하고 싶다. 이미 이력서를 넣을 자격이 충분하다.

티라미수

Tiramisu

6개분

디저트용 유리잔 6개

크루아상 스펀지

에스프레소 100g

마스카르포네 크림

장식용 더치식 코코아 파우더

가장 좋아하는 케이크가 당근 케이크라면, 가장 좋아하는 디저트는 아마 티라미수일 것이다. 레스토랑의 메뉴에 티라미수가 있으면 먹지 않겠다고 말하기가 정말 힘들다. 에스프레소에 적신 레이디핑거와 단맛의 마스카르포네 그리고 그 모든 것을 덮고 있는 두텁고 쌉싸름한 코코아 층의 완벽한 조합 때문이다.

룬에서는 크루아상이 들어가지 않는 디저트에서 종종 영감을 얻는다. 티라미수는 여러 형태로 개발해 보았는데, 가장 초기 버전은 2014년 개발한 티라미수 크러핀이었다. 그리고 여러 과정을 거쳐 2019년, 룬 랩을 위한 이 근사한 1인용 디저트가 탄생했다. 에스프레소에 적신 크루아상 조각들이 레이디핑거를 대신해 티라미수의 베이스가 된다. 룬 랩에서 처음 이 티라미수를 선보였을 때, 많은 손님이 이 디저트는 먹는 즐거움을 느끼게 해 준 인생 최고의 티라미수라고 단언했다. 최고의 찬사가 아닐 수 없다.

이 레시피는 남은 크루아상을 활용하기에 좋은 방법이기도 하고, 룬 크루아상 만들어 볼 수 있는 핑계가 되기도 한다. 한 차원 높은 수준의 티라미수를 시도해 수 있게끔 말이다.

크루아상 스펀지

크루아상 3개

농후 크림 100g

정제 설탕(매우 고운 것) 100g

1 오븐을 컨벡션 오븐 기준 160℃로 예열한다.

2 크루아상을 1cm 두께의 두꺼운 슬라이스 조각으로 잘라 유산지를 깐 베이킹 트레이에 놓는다.

3 크림과 설탕을 작은 냄비에 넣어 약불에 올리고, 설탕이 녹도록 젓는다. 설탕이 녹으면 즉시 불에서 내린다. 끓어오르게 하면 안 된다.

4 페이스트리 브러시로 크루아상 슬라이스 위에 따뜻하게 데운 크림과 설탕 혼합물을 얇게 바른다. 크루아상이 놓인 트레이를 오븐에 넣고 7~8분간 굽는다. 크루아상에 연한 황갈색을 띠어야 하고, 단단해지거나 건조해지면 안 된다.

5 오븐에서 꺼내 한쪽에 두어 식힌다. →

마스카르포네 크림

노른자 3개

정제 설탕(매우 고운 것) 240g

흰자 2개

물 50g

마스카르포네 750g

마르살라 40g

스트레가 25g

삼부카 25g

1　노른자와 설탕 80g으로 사바이옹sabayon을 만든다. 노른자와 설탕이 든 작은 내열 소재의 볼을 보글보글 끓는 물이 담긴 냄비 위에 얹는다. 노른자와 설탕의 색이 옅어지고 거품처럼 될 때까지 계속 휘핑한다.

2　휘스크를 끼운 스탠드 믹서로 흰자를 부드러운 뿔이 생길 때까지 휘핑한다.

3　그동안 작은 냄비에 나머지 설탕과 물을 넣고 설탕이 녹도록 저어 가며 중불에서 끓여 시럽을 만든다. 설탕공예용 온도계로 온도를 확인해 가며 시럽이 115℃가 될 때까지 끓인다. 해당 온도에 도달하면 냄비를 불에서 내리고, 저속으로 휘핑 중인 흰자에 설탕 시럽을 천천히 일정한 속도로 부어 넣는다. 시럽을 다 넣고 나면 스탠드 믹서의 속도를 높여 볼이 체온과 비슷해질 때까지 휘핑해 머랭을 만든다.

4　머랭을 조심스럽게 깨끗한 볼에 옮겨 담고, 마스카르포네를 스탠드 믹서용 볼에 담는다. 휘스크를 끼운 스탠드 믹서로 마스카르포네를 휘핑한 후 마르살라, 스트레가, 삼부카 세 종류의 술을 넣는다. 휘핑해서 섞는다. 마지막으로 만들어 둔 사바이옹와 머랭을 조심스럽게 섞어 가벼운 마스카르포네 크림을 만든다.

5　마스카르포네 크림을 원형 깍지를 끼운 짤주머니로 조심스럽게 옮겨 담는다.

조합하기

1　크루아상 스펀지 조각들을 에스프레소에 약 30초간 담근 후, 뒤집어서 반대쪽 면도 30초간 적신다. 모든 크루아상 조각에 같은 과정을 반복한다.

2　각 유리잔 바닥에다 에스프레소에 적신 크루아상 스펀지 한 조각을 놓는다. 유리잔의 벽면에 닿지 않도록 주의한다. 각 크루아상 위에 넉넉한 양의 마스카르포네 크림을 구불구불하게 좌우로 오가면서 짠 후, 남은 크루아상 스펀지 조각들을 유리잔 6개에 고르게 나누어 담는다. 첫 번째 마스카르포네 크림 층 위에 조심스럽게 배열해서 올리도록 한다. 다시 넉넉한 양의 마스카르포네 크림을 좌우로 오가면서 짠다. 구불구불한 크림 모양의 가장자리 부분이 유리잔의 벽면에 닿도록 한다.

3　마지막으로 완성하기 직전에 작은 체를 사용해 코코아 파우더를 마스카르포네 크림 위에 넉넉히 뿌린다.

토피 애플 위스키 데니시

Toffee Apple and Whiskey Danish

6개분

블라인드 베이킹한 데니시 6개
(93페이지 참고)

토피 애플 글레이즈

사과잼

위스키 크렘 디플로마

브라운 버터 크럼블

해가 짧아지고, 바깥에 나가려면 두꺼운 옷을 겹겹이 껴입어야 하며, 여름을 위한 몸 만들기 같은 생각은 아예 떠오르지도 않는 한 겨울. 이럴 때는 토피 애플, 위스키, 커스터드, 그리고 버터의 풍미가 가득한 페이스트리만큼 따뜻하게 위로가 되는 것이 없다. 그래서 룬에서는 이 모든 재료를 한데 모아 저녁 식사가 초라해 보일 정도로 대단한 데니시를 만들었다.

'오전 티타임' 장의 여러 데니시 레시피처럼, 이 데니시 역시 블라인드 베이킹을 거친다. 그러므로 83페이지의 발효하기 및 굽기의 방법을 따르면 된다. 이 레시피에서 사용하는 사과 품종은 재즈Jazz지만, 약간 신맛의 사과잼을 원한다면 그래니 스미스 Granny Smith 품종을 사용해도 된다. 푀이양틴Feuillantine은 베이킹 재료 전문점에서 구할 수 있다. 이 레시피로 만들어지는 사과잼은 데니시 6개를 채우고도 남는 양이다. 사과잼은 구운 돼지고기와도 잘 어울리므로 남은 사과잼을 활용해도 좋다.

사과잼

정제 설탕(매우 고운 것) 500g

노란색 펙틴 10g

사과즙 125g

껍질을 벗기고 심을 제거한 후
4등분한 재즈 품종 사과 500g

구연산 10g

하루 전에 준비하기

1 깨끗하고 물기가 없는 중간 크기의 냄비를 중불에 올린다. 냄비가 달궈지면 고운 정제 설탕을 조금씩 뿌려 넣고, 완전히 캐러멜화될 때까지 기다렸다가 약간의 설탕을 또 뿌려 넣는다. 매번 먼저 넣은 설탕이 완전히 녹을 때까지 기다렸다가 설탕을 추가한다. 설탕 100g은 따로 두었다가 노란색 펙틴과 섞는다.

2 설탕이 다 녹고 고르게 캐러멜화되면, 사과즙을 천천히 부어 넣으면서 캐러멜이 뭉치지 않도록 강하게 휘젓는다. 사과즙을 다 넣고 나면 사과를 넣고, 사과가 완전히 투명해질 때까지 30분간 조리한다. 노란색 펙틴과 설탕을 함께 섞은 것을 넣고 계속 젓는다. 설탕공예용 온도계로 잼의 온도를 계속 확인한다. 106℃가 되면 구연산을 넣는다. 불에서 내려 크고 얕은 트레이에 옮겨 담고 실온으로 식힌 뒤 굳힌다.

3 잼이 다 식으면 소량씩 푸드 프로세서에 나누어 넣고 짧게 간다. 잼에서 사과의 질감이 느껴지도록 사과 덩어리가 조금 남아 있어야 한다.

4 잼 200g은 짤주머니에, 나머지는 살균한 병에 옮겨 담는다. →

위스키 크렘 디플로마

우유 200g

정제 설탕(매우 고운 것) 50g

노른자 4개

체에 친 다목적용 밀가루 10g

체에 친 옥수숫가루(옥수수 전분) 10g

위스키 60g

헤비 크림 250g

하루 전에 준비하기

1 냄비에 우유를 끓인다. 끓어오르기 전까지만 끓이고, 막이 생기지 않도록 한다.

2 우유를 데우는 동안 정제 설탕과 노른자를 볼에 담아 연하고 밝은 색이 될 때까지 휘핑한다. 다목적용 밀가루와 옥수숫가루(옥수수 전분)를 넣고 휘핑해서 잘 섞는다.

3 우유가 막 끓어오르려고 할 때 우유를 휘핑한 노른자에 천천히 부어 넣으면서 잘 섞이도록 계속 휘핑한다. 이제 노른자와 우유 섞은 것을 다시 냄비에 붓는다. 끓어오르기 전까지 중불에서 계속 저어 가며 끓이고, 끓기 시작하면 3분간 더 저어서 걸쭉한 농도의 크렘 파티시에르가 되도록 한다. 마지막으로 위스키를 넣고 휘저어 섞는다.

4 불에서 내려 깨끗한 볼에 붓는다. 크렘 파티시에르의 표면에 랩을 씌워서 막이 생기지 않도록 한다. 사용 전까지 냉장고에 보관한다.

5 다음날 헤비 크림을 스탠드 믹서용 볼에 담고 휘스크를 끼운 스탠드 믹서로 단단한 뿔이 생길 때까지 휘핑한다.

6 굳은 위스키 크렘 파티시에르를 냉장고에서 꺼내 큰 거품기로 풀어 준다. 휘핑한 헤비 크림을 크렘 파티시에르에 조심스럽게 섞어 넣는다. 완전히 균일하게 섞이고 헤비 크림의 자국이 보이지 않을 때까지 잘 섞는다.

7 원형 깍지를 끼운 짤주머니에 옮겨 담아 사용 전까지 냉장고에 보관한다.

크럼블

다목적용 밀가루 250g

깍둑썰기한 차가운 버터 180g

정제 설탕(매우 고운 것) 50g

황설탕 70g

플레이크 천일염 5g

1 오븐을 컨벡션 오븐 기준 160℃로 예열한다. 베이킹 트레이에 유산지를 깐다.

2 플랫 비터를 끼운 스탠드 믹서를 사용해 밀가루와 버터를 저속으로 섞는다. 굵은 빵가루처럼 보일 때까지 섞는다. 정제 설탕, 황설탕, 소금을 넣고 모든 재료가 잘 섞여 약 3~5mm 크기의 고른 부스러기가 될 때까지 저속으로 섞는다.

3 완성된 크럼블을 베이킹 트레이에 고르게 펴 담고 황갈색이 될 때까지 10~12분간 굽는다.

4 오븐에서 꺼내 실온으로 완전히 식힌다.

브라운 버터 크럼블

버터 80g

크럼블 250g

푀이양틴 플레이크 125g

천일염 한 꼬집

1 작은 냄비에 버터를 넣고 중불에 녹여 브라운 버터를 만든다. 이 과정을 통해 버터의 수분이 증발하고 우유 고형분과 유지방이 분리되며, 버터에서 매우 고소한 향이 나게 된다. 브라운 버터가 형성되면 곧바로 불에서 내린다.

2 작은 내열 소재의 볼을 디지털 저울에 올리고 영점을 맞춘다. 볼에 브라운 버터 60g을 조심스럽게 따라내고 냄비 바닥에 눌어붙은 우유 고형분과 분리한다.

3 크럼블 250g과 푀이양틴 플레이크 125g을 다른 볼에 넣고 가볍게 저어 섞은 뒤, 브라운 버터를 부어 넣고 소금으로 간한다. 잘 저어서 크럼블과 푀이양틴 플레이크를 브라운 버터로 코팅한다. 사용 전까지 한쪽에 둔다.

토피 애플 글레이즈

정제 설탕(매우 고운 것) 100g

사과즙 100g

NH 펙틴 3g

구연산 4g

1　이 레시피 역시 드라이 캐러멜을 만드는 것으로 시작한다. 깨끗하고 물기가 없는 중간 크기의 냄비를 중불에 올린다. 냄비가 달궈지면 약간의 설탕을 조금씩 뿌려 넣고, 완전히 캐러멜화될 때까지 기다렸다가 약간의 설탕을 또 뿌려 넣는다. 매번 먼저 넣은 설탕이 완전히 녹을 때까지 기다렸다가 설탕을 추가한다. 설탕 20g은 따로 두었다가 NH 펙틴과 섞는다.

2　설탕이 다 녹고 고르게 캐러멜화되면, 사과즙을 천천히 부어 넣으면서 캐러멜이 뭉치지 않도록 강하게 휘젓는다. 사과즙을 다 넣고 나면 펙틴과 설탕 섞은 것을 넣고 다시 끓인다. 마지막으로 구연산을 넣고 불에서 내린 뒤 잘 저어 섞는다.

마무리하기

1　블라인드 베이킹을 한 후 식힌 데니시 셸 6개를 준비한다. 모가 부드러운 페이스트리 브러시를 사용해 데니시의 바깥 부분에 따뜻하게 데운 토피 애플 글레이즈를 넉넉히 바른다.

2　사과잼이 든 짤주머니의 끝부분을 잘라 약 3mm짜리 구멍을 낸다. 각 데니시의 바닥에 약 30g의 잼을 얇게 한 겹 짜 넣는다. 잼을 짤주머니에 넣지 않았다면, 그냥 숟가락으로 떠 넣고 데니시의 구석구석까지 잘 펼쳐 발라도 된다.

3　그 위에 위스키 크렘 디플로마를 두껍게 한 겹 짠다. 데니시의 가장자리 벽 바로 아래까지 크렘 디플로마를 채우면 된다.

4　마지막으로 넉넉한 양의 브라운 버터 크럼블로 크렘 디플로마를 덮는다.

소량의 위스키를 곁들여도 좋다.

두 번 구운 크루아상

아몬드 크루아상은 프랑스에서 버려지는 페이스트리를 최소화하기 위해 탄생했다. 프랑스에서는 마감 때까지 팔리지 않고 남은 크루아상을 보관해 두었다가 다음날 아몬드 크루아상으로 탈바꿈시키곤 했다. 구운 지 하루가 된 크루아상을 설탕 시럽에 적시고 아몬드 프랑지판을 속에 채운 후 위에 아몬드를 뿌리고 다시 굽는 것이다.

룬에서는 아몬드 크루아상의 이 기본 개념에서 영감을 받아 수백 가지의 두 번 구운 크루아상을 만들어 냈다. '두 번 구운 크루아상'은 룬에서 시작된 혁명이자 용어다. 룬 이전에 내가 보고 경험한 두 번 구운 크루아상은 아몬드 크루아상이 유일했다. 하지만 어느 날 아이디어가 떠올랐다. 캠이 막 룬에 합류했고, 룬을 납품 전문 베이커리에서 일반 고객을 상대로 하는 작은 가게로 전환하려던 시기였다.

캠에게 질문을 던졌다. "하루 지난 크루아상에는 왜 항상 아몬드 프랑지판을 필링으로 쓸까?" 무수히 많은 견과류의 종류를 고려하면, 하루 지난 평범한 크루아상에서 완전히 새롭고 다양한 맛을 만들어 낼 기회가 분명히 있었다. 그리고 본질적으로 한 가지 종류의 페이스트리만 취급하는 베이커리의 입장에서는 제품군이 크게 늘어나는 효과까지 있었다. 그렇게 '두 번 구운 크루아상'이 탄생했다.

아몬드 크루아상

Almond Croissant

6개분

전날 구운 크루아상 6개

설탕 시럽

아몬드 프랑지판
('필수 재료' 262페이지 참고)

장식용 아몬드 플레이크

장식용 슈거 파우더

룬에서는 다른 페이스트리들과 마찬가지로, 아몬드 크루아상을 만들 때도 일반적인 방식을 전적으로 따르지는 않는다. 보통 아몬드 크루아상은 납작하게 찌그러져서 조금 슬픈 모양이다. 이것이 말도 안 된다고 생각했다.

왜 크루아상의 바삭함과 얇은 결, 그리고 아름다운 층들의 선명함을 잃어야만 하는가? 그래서 크루아상 구조의 완결성을 유지하면서도 속에는 촉촉하고 맛있는 케이크 질감의 프랑지판을 품은 아몬드 크루아상을 만들 수 있는 레시피를 개발했다.

무엇보다 룬 아몬드 크루아상의 특징은 크루아상 위에서 당당하고 완벽한 자태를 뽐내고 있는 아름다운 아몬드 플레이크 장식이다.

설탕 시럽

물 500g

정제 설탕(매우 고운 것) 220g

키르슈 2테이블스푼

1 작은 냄비에 물과 설탕을 넣고 설탕이 완전히 녹을 때까지 중불에 저어 가며 끓인다. 시럽이 끓어오르면 불에서 내려 키르슈를 넣는다.

조합하기 및 굽기

1 오븐을 컨벡션 오븐 기준 180℃로 예열한다. 베이킹 트레이에 유산지를 깐다.

2 큰 빵칼을 사용해 크루아상을 반으로 자른다. 반으로 자른 각 크루아상 조각의 잘린 단면에 브러시로 설탕 시럽을 넉넉히 바른다. 크루아상의 아래쪽 절반 위에 아몬드 프랑지판을 굵게, 좌우로 오가며 구불구불하게 짠다. 프랑지판 위에 크루아상의 위쪽 절반을 다시 올리고 손으로 조심스럽게 감싸 고정한다. 크루아상 위에 프랑지판을 길게 한 줄 짜서 마무리하고, 아몬드 플레이크를 가능한 한 많이 프랑지판 속에 꽂아 장식한다. 룬에서 많이 받는 질문 중 하나가 바로 이 아몬드 플레이크를 그렇게 완벽하게 서 있도록 꽂는 방법이 무엇이냐는 질문이다. 특별한 비결은 없다. 사실 이것은 노동집약적이고 시간이 오래 걸리며 어려운 작업이다. 아몬드 크루아상의 인기 덕분에 룬의 셰프들은 매일 아몬드 크루아상을 수백 개씩 만든다. 조금씩 연습하면 아몬드 슬라이스를 완벽하게 꽂을 수 있을 것이다.

3 크루아상을 베이킹 트레이에 올리고, 크루아상 속의 프랑지판이 고정될 때까지 18~20분간 굽는다. 포크로 크루아상 하나의 뚜껑을 조심스럽게 들어 올려 프랑지판의 상태를 확인한다. 아직 케이크 반죽 같은 모습이라면 덜 구워진 것이다. 몇 분 더 구운 뒤 다시 확인해 본다.

4 오븐에서 꺼내 실온으로 식힌다.

5 완전히 식은 후 슈거 파우더를 뿌려 마무리한다.

두 번 구운 코코넛 판단 크루아상

Coconut Pandan Twice Baked

6개분

전날 구운 크루아상 6개

판단 설탕 시럽

코코넛 프랑지판
('필수 재료' 262페이지 참고)

판단 가나슈

장식용 코코넛 플레이크

장식용 슈거 파우더

캠은 룬에 합류하기 전, 시드니에서 바를 운영했었다. 우리가 여러 가지 견과류 가루와 다양한 맛을 활용해 아몬드 크루아상의 다양한 베리에이션을 구상하고 있을 때, 캠이 시드니에 있던 시절 마막Mamak이라는 말레이시아 레스토랑에서 즐겼던 음식을 생각해 냈다. 맛이 풍부하고 버터 향이 진한 로티Roti에 판단Pandan과 코코넛으로 만든 카야잼을 곁들인 디저트였다. 캠은 로티의 맛 구성이 크루아상과 크게 다르지 않으므로, 코코넛과 판단이 크루아상과도 어울릴 것 같다고 말했다. 그렇게 두 번 구운 코코넛 판단 크루아상이 탄생했다. 판단 잎은 대부분의 아시아 식료품점에서 구할 수 있다. 이 레시피에는 판단 한 다발이면 충분하다.

판단 물

물 1L

잘 씻고 말린 판단 생잎 50g

하루 전에 준비하기

1　큰 냄비에 물을 끓인 뒤 판단 잎을 넣는다. 불을 끄고 냄비를 덮은 후 하룻밤 그대로 두어 우린다. 다음 날 아침에 판단 잎을 꼭 짜서 모든 향미를 추출한다. 판단 잎은 버린다.

판단 가나슈

잘 씻고 말린 판단 생잎 100g

코코넛 크림 330g
(카라Kara사의 제품이 좋다.)

화이트초콜릿 375g

깍둑썰기한 차가운 버터 55g

하루 전에 준비하기

1　판단 잎을 작은 조각으로 썬다. 코코넛 크림에 판단 잎을 넣고 잘 혼합되어 초록색이 될 때까지 섞는다. 그러나 갈색이 되면 안 된다! 냄비에 혼합물을 부어 부글부글 끓을 때까지 끓인다. 불에서 내리고 랩으로 덮어 10분간 우린다.

2　그동안 화이트초콜릿과 버터를 계량해 내열 소재의 볼에 담는다.

3　코코넛 판단 크림을 체에 걸러 최소 260g의 크림을 확보한다. 크림을 깨끗한 냄비에 옮겨 넣고 다시 부글부글 끓인 후, 화이트초콜릿과 버터 위에 붓고 잘 휘저어 섞는다. 초콜릿과 버터가 완전히 녹아 섞여 들도록 한다. 혼합물의 질감은 덩어리 없이 매끄러워야 하고, 색은 연한 초록색이어야 한다. 가나슈가 실온으로 식으면 볼에 랩을 씌워 하룻밤 동안 굳힌다.

4　두 번 구운 코코넛 판단 크루아상을 굽는 날, 가나슈를 짤주머니에 옮겨 담는다.

판단 설탕 시럽

판단 물 500g

정제 설탕(매우 고운 것) 220g

1　작은 냄비에 판단 물과 설탕을 넣고 설탕이 완전히 녹을 때까지 중불에 저어 가며 끓인다. 시럽이 끓어오르면 불에서 내린다. →

1   오븐을 컨벡션 오븐 기준 180℃로 예열한다. 베이킹 트레이에 유산지를 깐다.

2   큰 빵칼을 사용해 크루아상을 반으로 자른다. 반으로 자른 각 크루아상 조각의 잘린 단면에 브러시로 따뜻한 판단 설탕 시럽을 넉넉히 바른다. 크루아상의 아래쪽 절반 위에 코코넛 프랑지판을 굵게, 좌우로 오가며 구불구불하게 짠다.

3   판단 가나슈가 담긴 짤주머니 끝을 잘라 3~4mm의 작은 구멍을 낸다. 프랑지판 위에 가나슈를 구불구불하게 짠다. 모든 크루아상에 반복한다.

4   가나슈 위에 크루아상의 위쪽 절반을 다시 올리고 손으로 조심스럽게 감싸 고정한다. 크루아상 위에 코코넛 프랑지판을 길게 한 줄 짜서 마무리하고, 207페이지의 아몬드 크루아상과 비슷한 방식으로 코코넛 플레이크를 꽂아 장식한다. 여기 코코넛 플레이크는 아몬드 슬라이스보다 약간 더 일정하지 않은 느낌으로 모양내는 것이 좋다.

5   크루아상을 베이킹 트레이에 올리고, 크루아상 속의 프랑지판이 고정될 때까지 20~25분간 굽는다. 포크로 크루아상 하나의 뚜껑을 조심스럽게 들어 올려 프랑지판의 상태를 확인한다. 아직 케이크 반죽 같은 모습이라면 덜 구워진 것이다. 몇 분 더 구운 뒤 다시 확인해 본다. 코코넛 플레이크가 타지 않도록 마지막 몇 분간은 크루아상을 계속 주시하며 확인해야 한다.

6   오븐에서 꺼내 실온으로 식힌다.

7   식은 후 슈거 파우더를 뿌려 마무리한다.

이 크루아상을 받아든 운 좋은 이들 중 어린이가 있다면, 크루아상이 스테고사우루스처럼 생겼다며 흥분한 목소리를 듣게 될 것이다!

두 번 구운 당근 케이크 크루아상

Carrot Cake Twice Baked

6개분

전날 구운 크루아상 6개

향신료를 넣은 황설탕 시럽

당근 호두 프랑지판

당근 케이크 크럼블

크림치즈 아이싱

장식용 슈거 파우더

당근 케이크는 내가 가장 좋아하는 케이크 중 하나다. 모든 당근 케이크가 똑같지는 않고, 당근 케이크에서 '해야 할 것'과 '하지 말아야 할 것' 두 가지 포인트가 있다. 먼저 '해야 할 것'은 호두를 넣어야 한다. 이때 온전한 호두알을 넣는 것보다 다진 호두를 넣는 것이 좋다. 피칸을 넣어도 되지만, 개인적으로 호두를 좋아한다. 다음으로 '하지 말아야 할 것'은 건포도를 넣지 말아야 한다. 다른 모든 종류의 건과일도 해당된다. 또한 당근 케이크의 핵심은 크림치즈 아이싱이다.

당근 건조하기

생당근 500g

1 건조한 당근이 프랑지판에는 60g, 크럼블에는 25g이 들어간다. 건조 당근 85g을 얻으려면 생당근 500g으로 시작해야 한다.

2 오븐을 컨벡션 오븐 기준 70℃(혹은 오븐에서 설정할 수 있는 가장 낮은 온도)로 예열한다. 베이킹 트레이에 유산지를 깐다. 식품 건조기를 가지고 있다면 오븐 대신 건조기를 사용해도 좋다.

3 당근의 윗부분과 아랫부분을 잘라 내고 껍질을 벗긴 뒤 곱게 간다. 베이킹 트레이에 간 당근을 고르고 얇게 펴서 공기가 잘 통하게 한다. 트레이를 오븐에 넣고 건조될 때까지 몇 시간 동안 둔다. 색이 변해서는 안 된다. 단순히 수분을 증발시키는 것이지 당근을 익히려는 것이 아니기 때문이다.

당근 퓌레

껍질을 벗기고 굵게 다진 당근 조각 100g

1 다진 당근 조각을 물이 끓는 작은 냄비에 넣고 부드러워질 때까지 익힌다. 포크로 찔렀을 때 쑥 들어가야 한다. 당근이 부드럽게 익으면 물을 완전히 따라낸 뒤 덩어리가 없어질 때까지 간다.

2 실온으로 식힌 후, 즉시 사용하거나 밀폐 용기에 담아 냉장고에 보관한다. →

당근 호두 프랑지판

실온의 버터 200g

정제 설탕(매우 고운 것) 100g

황설탕 100g

달걀 2개

생아몬드 가루 100g

호두 가루 100g

시나몬 가루 1/4티스푼

믹스트 스파이스 1/4티스푼

당근 퓌레 80g

건조한 간 당근 60g

1 플랫 비터를 끼운 스탠드 믹서로 버터와 설탕을 연한 거품처럼 될 때까지 휘젓는다. 계속 휘저으면서 달걀을 한 번에 하나씩 넣는다. 먼저 넣은 달걀이 완전히 잘 섞인 후에 다음 달걀을 넣어야 한다. 첫 번째 달걀이 완전히 섞이고 나면 볼의 옆면을 긁어내린다. 생아몬드 가루, 호두 가루, 향신료를 넣고 저속으로 섞는다. 마지막으로 당근 퓌레와 건조한 간 당근을 넣고 계속 저속으로 모든 재료를 혼합한다.

2 볼의 옆면을 잘 긁어내린 후 모든 재료가 잘 혼합되도록 스패출러로 휘저어 마무리한다. 프랑지판을 별 모양 깍지를 끼운 짤주머니에 옮겨 담는다.

당근 케이크 크럼블

황설탕 100g

시나몬 가루 1/4티스푼

믹스트 스파이스 1/4티스푼

다목적용 밀가루 60g

생아몬드 가루 40g

호두 가루 40g

건조한 간 당근 25g

부드러운 버터 80g

1 스탠드 믹서에 플랫 비터를 끼우고, 모든 마른 재료를 스탠드 믹서용 볼에 넣는다. 볼을 믹서에 결합하기 전에 마른 재료들이 잘 섞이도록 손 거품기로 먼저 휘저어 준다. 그런 후 부드러운 버터를 넣고, 스탠드 믹서를 사용해 재료들이 서로 엉겨 붙어 크럼블 덩어리가 되도록 저속으로 섞는다. 작은 자갈 크기의 크럼블이 되어야 한다.

향신료를 넣은 황설탕 시럽

물 500g

정제 설탕(매우 고운 것) 150g

황설탕 100g

바닐라 익스트랙트 1티스푼

시나몬 스틱 1개

믹스트 스파이스 한 꼬집

너트메그 가루 한 꼬집

1 작은 냄비에 모든 재료를 넣고, 설탕이 완전히 녹고 시나몬의 향이 시럽에 우러날 때까지 중불에 저어 가며 끓인다. 시럽이 끓어오르면 불에서 내린다.

크림치즈 아이싱

크림치즈 250g

부드러운 버터 25g

체에 친 슈거 파우더 25g

레몬즙 1티스푼

1 플랫 비터를 끼운 스탠드 믹서를 사용해 크림치즈를 중고속으로 1분 정도 휘저어 부드럽게 풀어 준다. 버터를 넣고 덩어리가 없이 부드럽고 균질해질 때까지 휘저어 준다. 마지막으로 슈거 파우더와 레몬즙을 넣고 모든 재료가 고루 잘 섞일 때까지 휘젓는다. 별 모양 깍지를 끼운 짤주머니에 옮겨 담는다.

2 크림치즈 아이싱을 미리 만들어 두었다면, 사용하기 1~2시간 전에 실온에 꺼내 둔다.

조합하기, 굽기, 마무리하기

1 오븐을 컨벡션 오븐 기준 180℃로 예열한다. 베이킹 트레이에 유산지를 깐다.

2 큰 빵칼을 사용해 크루아상을 반으로 자른다. 반으로 자른 각 크루아상 조각의 잘린 단면에 브러시로 향신료를 넣은 황설탕 시럽을 넉넉히 바른다. 크루아상의 아래쪽 절반 위에 당근 호두 프랑지판을 굵게, 좌우로 오가며 구불구불하게 짠다.

3 프랑지판 위에 크루아상의 위쪽 절반을 다시 올리고 손으로 조심스럽게 감싸 고정한다. 크루아상 위에 당근 호두 프랑지판을 길게 한 줄 짜서 마무리하고, 당근 케이크 크럼블 덩어리들을 프랑지판에 눌러 붙여 크루아상의 윗부분을 장식한다.

4 크루아상을 베이킹 트레이에 올리고, 크루아상 속의 프랑지판이 고정될 때까지 20~25분간 굽는다. 포크로 크루아상 하나의 뚜껑을 조심스럽게 들어 올려 프랑지판의 상태를 확인한다. 아직 케이크 반죽 같은 모습이라면 덜 구워진 것이다. 몇 분 더 구운 뒤 다시 확인해 본다.

5 오븐에서 꺼내 실온으로 식힌다.

6 완전히 식은 후 슈거 파우더를 뿌려 마무리한다.

7 마지막으로 각 크루아상의 윗면을 따라 크림치즈 아이싱을 짜서 장미꽃 모양 5개를 만든다. 이 과정은 크루아상이 완전히 식은 다음에 진행해야 한다. 그렇지 않으면 아이싱이 녹을 수 있기 때문이다.

셰프의 노트 당근 케이크가 크루아상과 이렇게 잘 어울릴 줄 누가 알았을까? 첫 입을 먹는 순간, 이 조합이 완벽하다는 생각이 들 것이고, 두 번째 입을 베어 물면 당근 케이크는 이제 무조건 크루아상으로 즐겨야겠다는 확신이 생길 것이다. 얼음 위에서 스케이트를 탈 수 있다면, 탭 댄스도 출 수 있지 않을까?

두 번 구운 피칸 파이 크루아상

Pecan Pie Twice Baked

6개분

전날 구운 크루아상 6개

버번 메이플 설탕 시럽

피칸 프랑지판

피칸 반태 180g

장식용 슈거 파우더

버번 메이플 크림

피칸 파이 크루아상은 단연코 룬 최고의 두 번 구운 크루아상이다. 2014년 8월 처음 선보인 이 크루아상은 거의 룬에서 두 번 구운 크루아상을 처음 개발했을 때부터 메뉴에 포함되어 있었고, 고객들의 요청에 따라 적어도 1년에 한 번은 다시 등장하고 있다. 이 크루아상의 포인트는 가장 마지막에 위에 얹어 주는, 술 향기가 물씬 풍기는 커다란 버번 크림 덩어리다.

피칸 프랑지판

실온의 버터 200g

정제 설탕(매우 고운 것) 100g

황설탕 80g

메이플 시럽 1테이블스푼

달걀 2개

생아몬드 가루 100g

구운 피칸 가루 100g

버번 1테이블스푼

1 플랫 비터를 끼운 스탠드 믹서로 버터, 정제 설탕, 황설탕, 메이플 시럽을 연한 거품처럼 될 때까지 휘젓는다. 계속 휘저으면서 달걀을 한 번에 하나씩 넣는다. 먼저 넣은 달걀이 완전히 잘 섞인 후 다음 달걀을 넣어야 한다. 생아몬드 가루와 피칸 가루를 섞어 넣고, 마지막으로 버번을 넣는다. 완성된 프랑지판을 별 모양 깍지를 끼운 짤주머니에 옮겨 담는다.

버번 메이플 설탕 시럽

물 475g

정제 설탕(매우 고운 것) 160g

버번 2테이블스푼

메이플 시럽 80g

1 작은 냄비에 물과 설탕을 넣고 설탕이 완전히 녹을 때까지 중불에 저어 가며 끓인다. 시럽이 끓어오르면 불에서 내려 버번과 메이플 시럽을 넣는다.

버번 메이플 크림

농후 크림 300g

메이플 시럽 30g

버번 1티스푼

1 휘스크를 끼운 스탠드 믹서로 크림, 메이플 시럽, 버번을 단단한 뿔이 생길 때까지 휘핑한다. 크루아상을 만들기 전까지 냉장고에 보관한다. →

1 오븐을 컨벡션 오븐 기준 180℃로 예열한다. 베이킹 트레이에 유산지를 깐다.

2 큰 빵칼을 사용해 크루아상을 반으로 자른다. 반으로 자른 각 크루아상 조각의 잘린 단면에 브러시로 따뜻한 버번 메이플 설탕 시럽을 넉넉히 바른다. 크루아상의 아래쪽 절반 위에 피칸 프랑지판을 굵게, 좌우로 오가며 구불구불하게 짠다.

3 프랑지판 위에 크루아상의 위쪽 절반을 다시 올리고 손으로 조심스럽게 감싸 고정한다. 크루아상 위에 피칸 프랑지판을 길게 한 줄 짜서 마무리하고, 피칸 반태를 프랑지판에 박아 넣는다.

4 크루아상을 베이킹 트레이에 올리고, 크루아상 속의 프랑지판이 고정될 때까지 20~25분간 굽는다. 포크로 크루아상 하나의 뚜껑을 조심스럽게 들어 올려 프랑지판의 상태를 확인한다. 아직 케이크 반죽 같은 모습이라면 덜 구워진 것이다. 몇 분 더 구운 뒤 다시 확인해 본다.

5 오븐에서 꺼내 실온으로 식힌다.

6 식은 후 슈거 파우더를 뿌린다. 큰 버번 메이플 크림 덩어리를 투박한 느낌으로 크루아상 위에 올려 마무리한다.

마카 사카

Macca Sacca

6개분

전날 구운 크루아상 6개

설탕 시럽

마카다미아 프랑지판

솔티드 캐러멜('필수 재료' 264페이지 참고)

마카다미아 분태 300g

장식용 슈거 파우더

이 크루아상은 룬에서 '마카 사카'라고 불렸다. 다른 종류의 프랑지판을 사용한 최초의 두 번 구운 크루아상 중 하나였다. 마카다미아와 솔티드 캐러멜을 사용해 만들었다. 사실 마카다미아와 솔티드 캐러멜은 획기적인 맛의 조합은 아니다. 그러나 항상 획기적일 필요는 없다. 진한 버터 풍미의 크루아상에 가득 채워 넣은 마카다미아와 솔티드 캐러멜에 화를 낼 사람은 아무도 없을 것이다.

마카다미아 프랑지판

실온의 버터 200g

정제 설탕(매우 고운 것) 200g

달걀 2개

마카다미아 가루 100g

데친 아몬드 가루 100g

1 플랫 비터를 끼운 스탠드 믹서로 버터와 설탕을 연한 거품처럼 될 때까지 휘젓는다. 계속 휘저으면서 달걀을 한 번에 하나씩 넣는다. 먼저 넣은 달걀이 완전히 잘 섞인 후 다음 달걀을 넣어야 한다. 첫 번째 달걀이 완전히 섞이고 나면 볼의 옆면을 긁어내린다. 마지막으로 마카다미아 가루와 아몬드 가루를 넣고 저속으로 모든 재료를 혼합한다. 볼의 옆면을 다시 잘 긁어내린 후 모든 재료가 잘 혼합되도록 스패출러로 휘저어 마무리한다. 프랑지판을 별 모양 깍지를 끼운 짤주머니에 옮겨 담는다.

설탕 시럽

물 500g

정제 설탕(매우 고운 것) 220g

키르슈 2테이블스푼

1 작은 냄비에 물과 설탕을 넣고 설탕이 완전히 녹을 때까지 중불에 저어 가며 끓인다. 시럽이 끓어오르면 불에서 내려 키르슈를 넣는다. →

조합하기 및 굽기

1 오븐을 컨벡션 오븐 기준 180℃로 예열한다. 베이킹 트레이에 유산지를 깐다.

2 큰 빵칼을 사용해 크루아상을 반으로 자른다. 반으로 자른 각 크루아상 조각의 잘린 단면에 브러시로 따뜻한 설탕 시럽을 넉넉히 바른다. 크루아상의 아래쪽 절반 위에 마카다미아 프랑지판을 굵게, 좌우로 오가며 구불구불하게 짠다.

3 솔티드 캐러멜이 든 짤주머니 끝을 잘라 약 4mm의 작은 구멍을 낸다. 프랑지판 위에 솔티드 캐러멜을 크루아상의 한쪽 끝에서 다른 쪽 끝까지 길게 짠다. 약 15g의 마카다미아 분태를 프랑지판과 솔티드 캐러멜 위에 뿌린다. 모든 크루아상에 반복한다.

4 크루아상의 위쪽 절반을 다시 올리고 손으로 조심스럽게 감싸 고정한다. 크루아상 위에 마카다미아 프랑지판을 길게 한 줄 짜서 마무리하고, 마카다미아 분태 한 줌을 프랑지판에 박아 넣는다. 크루아상 1개당 약 30g의 마카다미아를 사용한다.

5 크루아상을 베이킹 트레이에 올리고, 크루아상 속의 프랑지판이 고정될 때까지 20~25분간 굽는다. 포크로 크루아상 하나의 뚜껑을 조심스럽게 들어 올려 프랑지판의 상태를 확인한다. 아직 케이크 반죽 같은 모습이라면 덜 구워진 것이다. 몇 분 더 구운 뒤 다시 확인해 본다.

6 오븐에서 꺼내 실온으로 식힌다. 식은 후 슈거 파우더를 뿌려 마무리한다.

이 크루아상은 룬의 두 번 구운 크루아상 중 비교적 만들기가 쉽고 맛있다.
아마 이 페이지의 모서리가 가장 많이 접히고 손자국이 묻어날 것이다.

핑거 번
Finger Bun

6개분

전날 구운 크루아상 6개

딸기 시럽

우유와 코코넛 프랑지판

코코넛 휩 아이싱

장식용 건조 코코넛

호주나 뉴질랜드에서는 핑거 번이 잘 알려져 있다. 핑거 번은 핫도그 번과 크기와 모양이 비슷한 달고 흰 빵이다. 일반적으로는 건과일도 넣지만, 과일이 들어가지 않은 핑거 번도 있다. 핑거 번에서 최고의 부분은 달달한 아이싱이다. 클래식한 퐁당 아이싱이나 개인적으로 가장 좋아하는 코코넛 휩 아이싱 등 다양한 아이싱이 쓰인다. 핑거 번을 먹을 때는 반으로 잘라 버터를 듬뿍 발라 먹는다. 그리고 단 음식을 좋아한다면 딸기잼도 얹어도 된다.

최근 이 추억의 핑거 번이 다시 유행하기 시작했는데, 룬에서도 당연히 기회를 놓칠 수 없었다. 그렇게 룬만의 핑거 번이 탄생했고, 많은 사람들에게 사랑을 받았다. 얼마 후 영감의 근원을 찾아 핑거 번을 사서 곧 향수 어린 추억에 빠질 기대에 흥분해 있었다. 아, 그때의 실망감이라니. 이제는 룬의 핑거 번만 먹는다.

주 프레즈

냉동 딸기 500g

정제 설탕(매우 고운 것) 50g

1 내열 소재의 볼에 딸기와 설탕을 넣고 뒤섞어 딸기에 설탕을 입힌다. 볼에 랩을 단단히 씌운다.

2 그동안 냄비에 3분의 1까지 물을 채우고 끓인 후, 물이 계속 보글대도록 불을 낮춘다. 딸기와 설탕이 든 볼을 냄비 위에 얹고, 딸기가 흐물흐물해지고 색이 변하며 수분이 빠져나오기 시작할 때까지 2~3시간 조리한다.

3 냄비를 불에서 내린 뒤 식힌다. 식고 나면 딸기를 체에 밭쳐 액체와 과육을 분리한다. 액체인 주 프레즈와 딸기 과육은 따로 둔다. 두 가지 모두 딸기 시럽을 만들 때 필요하다. 딸기 과육은 퓌레로 만든다.

딸기 시럽

딸기 퓌레 120g

주 프레즈 250g

물 500g

1 작은 냄비에 모든 재료를 넣고 중불에 저어 가며 끓인다. 시럽이 끓어오르면 불에서 내린다. →

코코넛 휩 아이싱

우유 100g

농후 크림 100g

정제 설탕(매우 고운 것) 15g

체에 친 코코넛 밀크 파우더 100g

헤비 크림 300g

하루 전에 준비하기

1　작은 냄비에 우유, 크림, 설탕을 넣고 부글부글 끓기 직전까지 끓인다. 코코넛 밀크 파우더를 넣고 부글부글 끓기 직전까지 계속 저어 가며 끓인다. 혼합물이 걸쭉해지도록 2분 정도 저어 가며 끓인다.

2　불에서 내려 내열 소재의 깨끗한 볼에 붓는다. 완성된 코코넛 베이스 표면에 랩을 씌워 막이 생기지 않도록 한다. 냉장고에 하룻밤 보관한다.

3　다음날 두 번 구운 핑거 번 크루아상을 만들기 직전에 스탠드 믹서용 볼을 냉장고에 몇 분간 넣어 둔다. 차가운 스탠드 믹서용 볼에 코코넛 베이스와 헤비 크림을 넣고, 휘스크를 끼운 스탠드 믹서로 단단한 뿔이 생길 때까지 휘핑한다. 휘핑할 때는 잘 지켜보아야 한다. 간발의 차로 크림이 완벽하게 휘핑될 수도, 갈라질 수도 있기 때문이다.

4　이 레시피로는 흰색 아이싱을 만들 수 있다. 만약 분홍색 아이싱을 원한다면, 코코넛 베이스와 헤비 크림을 휘핑하기 전에 분홍색 식용 색소 한 방울을 넣는다.

5　아이싱을 원형 깍지를 끼운 짤주머니에 옮겨 담는다.

우유와 코코넛 프랑지판

실온의 버터 200g

정제 설탕(매우 고운 것) 200g

소금 한 꼬집

달걀 2개

밀크 파우더 100g

건조 코코넛 75g

데친 아몬드 가루 75g

1　플랫 비터를 끼운 스탠드 믹서로 버터, 설탕, 소금을 연한 거품처럼 될 때까지 휘젓는다. 계속 휘저으면서 달걀을 한 번에 하나씩 넣는다. 먼저 넣은 달걀이 완전히 잘 섞인 후 다음 달걀을 넣어야 한다. 첫 번째 달걀이 완전히 섞이고 나면 볼의 옆면을 긁어내린다. 마지막으로 밀크 파우더, 건조 코코넛, 아몬드 가루를 넣고 저속으로 모든 재료를 혼합한다. 볼의 옆면을 다시 잘 긁어내린 후 모든 재료가 잘 혼합되도록 스패출러로 휘저어 마무리한다. 프랑지판을 별 모양 깍지를 끼운 짤주머니에 옮겨 담는다.

1 오븐을 컨벡션 오븐 기준 180℃로 예열한다. 베이킹 트레이에 유산지를 깐다.

2 큰 빵칼을 사용해 크루아상을 반으로 자른다. 반으로 자른 각 크루아상 조각의 잘린 단면에 브러시로 따뜻한 딸기 시럽을 넉넉히 바른다. 크루아상의 아래쪽 절반 위에 우유와 코코넛 프랑지판을 굵게, 좌우로 오가며 구불구불하게 짠다.

3 딸기잼이 든 짤주머니 끝을 잘라 3~4mm의 작은 구멍을 낸다. 프랑지판 위에 잼을 구불구불하게 짠다. 모든 크루아상에 반복한다.

4 잼 위에 크루아상의 위쪽 절반을 다시 올리고 손으로 조심스럽게 감싸 고정한다. 핑거 번은 굽기 전에 아무 장식도 하지 않는 유일한 두 번 구운 크루아상이다.

5 크루아상을 베이킹 트레이에 올리고, 크루아상 속의 프랑지판이 고정될 때까지 20~25분간 굽는다. 포크로 크루아상 하나의 뚜껑을 조심스럽게 들어 올려 프랑지판의 상태를 확인한다. 아직 케이크 반죽 같은 모습이라면 덜 구워진 것이다. 몇 분 더 구운 뒤 다시 확인해 본다.

6 오븐에서 꺼내 실온으로 식힌다. 핑거 번이 아직 따뜻할 때 아이싱을 올리면 아이싱이 녹아서 옆으로 흘러내리기 때문에 반드시 식힌 후에 작업한다.

7 핑거 번이 식으면 코코넛 휩 아이싱이 든 짤주머니를 크루아상의 한쪽 끝부터 좌우로 오가면서 지그재그로 짜기 시작한다. 지그재그 모양은 크루아상의 가장 넓은 부분으로 향할수록 점점 커지다가 반대쪽 끝으로 갈수록 작아지도록 해서 전체적으로 다이아몬드 모양을 만든다. 모든 크루아상에 반복한다.

8 핑거 번의 하이라이트는 코코넛 휩 아이싱을 덮고 있는 쫀득한 건조 코코넛이다. 크루아상 아랫부분을 조심스럽게 잡고, 아이싱 부분을 건조 코코넛이 담긴 볼에 살짝 담근다. 아이싱의 아름다운 물결 모양이 납작해지지 않도록 주의한다.

두 번 구운 모카 크루아상

Mocha Twice Baked

<table>
<tr><td>

6개분

전날 구운 크루아상 6개

에스프레소 설탕 시럽

에스프레소 헤이즐넛 프랑지판

다크 초콜릿 가나슈
('필수 재료' 264페이지 참고)

커피 크렘 파티시에르

커피 아이싱 드리즐

슈거 파우더

헤이즐넛 분태 180g

</td><td>

이 레시피는 룬의 커피를 사랑하는 사람들 그리고 집에서 에스프레소를 마실 수 있는 운 좋은 사람들을 위한 것이다. 이 모카 크루아상은 모든 구성 요소에 활력을 선사하는 카페인이 들어 있으므로, 오전 간식으로 준비하기를 추천한다. 아니면 커피와 당분 때문에 뜬눈으로 밤을 새우게 될지도 모른다. 어떤 친구가 두 번 구운 모카 크루아상을 냉장고에 넣어 두었다가 나중에 조각으로 잘라서 바닐라 아이스크림과 함께 즐겼는데 정말 행복한 맛이었다고 말해 주었다.

</td></tr>
</table>

에스프레소 헤이즐넛 프랑지판

실온의 버터 200g

정제 설탕(매우 고운 것) 200g

달걀 2개

에스프레소 30g(1샷)

생아몬드 가루 100g

헤이즐넛 가루 100g

1 플랫 비터를 끼운 스탠드 믹서로 버터와 설탕을 연한 거품처럼 될 때까지 휘젓는다.

2 계속 휘저으면서 달걀을 한 번에 하나씩 넣는다. 먼저 넣은 달걀이 완전히 잘 섞인 후 다음 달걀을 넣어야 한다. 에스프레소를 넣고 잘 섞이도록 휘젓는다.

3 생아몬드 가루와 헤이즐넛 가루를 넣는다. 볼의 옆면을 잘 긁어내린 후 모든 재료가 잘 혼합되도록 스패출러로 휘저어 마무리한다.

4 프랑지판을 별 모양 깍지를 끼운 짤주머니에 옮겨 담는다.

커피 크렘 파티시에르

우유 300g

씨를 긁어낸 바닐라 꼬투리 1/2개

에스프레소 30g(1샷)

정제 설탕(매우 고운 것) 50g

노른자 4개

체에 친 다목적용 밀가루 10g

체에 친 옥수숫가루(옥수수 전분) 10g

1 냄비에 우유, 바닐라 꼬투리, 에스프레소를 넣고 끓인다. 끓어오르기 전까지만 끓이고, 막이 생기지 않도록 한다.

2 우유를 데우는 동안 설탕과 노른자를 볼에 담아 연하고 밝은 색이 될 때까지 휘핑한다. 다목적용 밀가루와 옥수숫가루(옥수수 전분)를 넣고 휘핑해서 잘 섞는다.

3 우유가 막 끓어오르려고 할 때 우유를 휘핑한 노른자에 천천히 부어 넣으면서 잘 섞이도록 계속 휘핑한다. 이제 노른자와 우유 섞은 것을 다시 냄비에 붓는다. 끓어오르기 전까지 중불에서 계속 저어 가며 끓이고, 끓기 시작하면 3분간 더 저어서 걸쭉한 농도의 크렘 파티시에르가 되도록 한다.

4 불에서 내려 깨끗한 볼에 붓는다. 크렘 파티시에르의 표면에 랩을 씌워서 막이 생기지 않도록 한다. 사용 전까지 냉장고에 보관한다.

5 두 번 구운 모카 크루아상을 조합하기 직전에 커피 크렘 파티시에르를 냉장고에서 꺼내 랩을 제거하고 거품기로 풀어 준다. 크렘 파티시에르를 짤주머니에 채우고 남은 크림은 밀폐 용기에 넣어 냉장고에 보관한다.

6 실온의 다크 초콜릿 가나슈를 짤주머니에 옮겨 담는다. 가나슈가 살짝 굳도록 잠깐 두어야 한다. 그렇게 하지 않으면 짤주머니로 짤 때 형태가 유지되지 않는다. ➜

"""

에스프레소 설탕 시럽

물 500g

정제 설탕(매우 고운 것) 220g

에스프레소 60g(2샷)

1 작은 냄비에 물과 설탕을 넣고 설탕이 완전히 녹을 때까지 중불에 저어 가며 끓인다. 시럽이 끓어오르면 불에서 내려 에스프레소를 넣는다.

커피 아이싱 드리즐

체에 친 슈거 파우더 500g

에스프레소 30g(1샷)

우유 1티스푼(선택 재료)

모든 재료를 한데 넣고 섞어서 걸쭉하지만 흩뿌릴 수 있을 정도로 흐르는 농도가 되도록 한다. 너무 걸쭉하다면 우유 1티스푼을 넣고 휘저은 후 다시 농도를 확인한다. 만족스러운 농도가 되면 즉시 짤주머니에 옮겨 담는다.

조합하기, 굽기, 마무리하기

1 오븐을 컨벡션 오븐 기준 180℃로 예열한다. 베이킹 트레이에 유산지를 깐다.

2 큰 빵칼을 사용해 크루아상을 반으로 자른다. 반으로 자른 각 크루아상 조각의 잘린 단면에 브러시로 따뜻한 에스프레소 설탕 시럽을 넉넉히 바른다. 크루아상의 아래쪽 절반 위에 에스프레소 헤이즐넛 프랑지판을 굵게, 좌우로 오가며 구불구불하게 짠다.

3 초콜릿 가나슈가 든 짤주머니 끝을 잘라 3~4mm의 작은 구멍을 낸다. 프랑지판 위에 가나슈를 구불구불하게 짠다. 모든 크루아상에 반복한다.

4 커피 크렘 파티시에르가 든 짤주머니의 끝에 약 5~6mm의 구멍을 낸 후, 초콜릿 가나슈 위에 크렘 파티시에르를 크루아상의 한쪽 끝에서 다른 쪽 끝까지 길게 짠다. 모든 크루아상에 반복한다.

5 크루아상의 위쪽 절반을 다시 올리고 손으로 조심스럽게 감싸 고정한다. 크루아상 위에 에스프레소 헤이즐넛 프랑지판을 길게 한 줄 짜서 마무리하고, 헤이즐넛 분태 한 줌을 프랑지판에 박아 넣는다.

6 크루아상을 베이킹 트레이에 올리고, 크루아상 속의 프랑지판이 고정될 때까지 20~25분간 굽는다. 다른 두 번 구운 크루아상들과 달리, 포크로 크루아상의 뚜껑을 조심스럽게 들어 올려 프랑지판의 상태를 보는 방법으로는 크루아상의 구워진 정도를 정확하게 확인할 수가 없다. 크루아상 안에 초콜릿 가나슈와 커피 크렘 파티시에르 두 가지 모두가 들어가 있어서 필링에 수분이 많기 때문이다. 앞서 소개한 두 번 구운 크루아상 레시피들을 시도해 보았다면, 그때 소요된 시간을 모카 크루아상에도 동일하게 적용하도록 한다.

7 오븐에서 꺼내 실온으로 식힌다.

8 식으면 슈거 파우더를 뿌린다. 마지막으로 커피 아이싱 드리즐이 든 짤주머니에 아주 작은 구멍을 낸 후, 크루아상 위를 좌우로 오가면서 드리즐을 뿌린다.

커피 아이싱 드리즐이 굳을 때까지만 기다리면 바로 완성이다. 플랫 화이트와 함께 먹어도 좋다.

초코칩 쿠키
Choc Chip Cookie

6개분

전날 구운 팽 오 쇼콜라 6개

쿠키 설탕 시럽

마리 비스킷 프랑지판

쿠키 반죽

칼리바우트 밀크 초콜릿 200g
(필링용 90g, 장식용 110g)

둘세 가나슈

미리 구워 둔 쿠키

플레이크 천일염

룬에서는 크루아상만 두 번 굽는 것이 아니라, 팽 오 쇼콜라를 두 번 구워 새로운 차원으로 탈바꿈시키기도 한다. 초코칩 쿠키는 지난 수년간 룬에서 가장 사랑받은 두 번 구운 팽 오 쇼콜라 중 하나다. 미리 경고해 두자면, 이 페이스트리를 장식하는 초코칩 쿠키는 그 자체로 이미 맛있다. 그러므로 레시피에서 초코칩 쿠키의 양을 늘려서 남은 쿠키를 간식으로도 즐길 수 있도록 했다.

앞의 '오후 티타임' 장에서 마리 비스킷을 언급했었는데 이 레시피에도 마리 비스킷이 등장한다. 마리 비스킷을 구할 수 없다면 그레이엄 크래커나 다이제스티브 비스킷으로 대체해도 된다. 레시피에는 둘세 초콜릿도 언급된다. 발로나Valrhona의 둘세 초콜릿을 구할 수 없다면, 브랜드와 상관없이 캐러멜화된 화이트초콜릿이 들어간 초콜릿이면 모두 사용할 수 있다.

솔티드 초콜릿 칩 쿠키

실온의 버터 225g

황설탕 175g

정제 설탕(매우 고운 것) 115g

달걀 1개

바닐라 익스트랙트 1티스푼

다목적용 밀가루 275g

밀크 파우더 15g

베이킹파우더 1티스푼

베이킹소다 1/2티스푼

플레이크 천일염 1티스푼

밀크 초콜릿 칩 340g

하루 전에 준비하기

1 버터와 두 종류의 설탕을 볼에 넣고 플랫 비터를 끼운 스탠드 믹서로 연한 거품처럼 될 때까지 크림화한다. 달걀과 바닐라 익스트랙트를 넣고 완전히 섞이도록 휘젓는다.

2 모든 마른 재료를 별도의 볼에 체 쳐서 넣고 손 거품기를 사용해 골고루 잘 섞는다.

3 마른 재료를 크림화한 버터에 넣고 완전히 혼합되도록 저속으로 섞는다. 마지막으로 밀크 초콜릿 칩을 넣고 초콜릿 칩이 고르게 퍼지도록 저속으로 섞는다.

4 두 번 구운 당근 케이크 크루아상 위에 얹는 크럼블처럼, 이 페이스트리의 쿠키도 두 가지 방법으로 사용된다. 굽지 않은 쿠키 반죽은 팽 오 쇼콜라 반죽 위에 눌러 붙인 후 굽는다. 구운 쿠키는 부러뜨려서 완성된 페이스트리 위에 장식한다.

굽지 않은 쿠키 반죽

1 쿠키 반죽을 작은 자갈 크기의 덩어리로 부스러뜨려 크럼블을 만든 후 밀폐 용기에 넣어 냉장고에 보관한다. 페이스트리 1개당 쿠키 반죽 크럼블 30g이 필요하므로, 장식용으로 아직 굽지 않은 쿠키 반죽 180g을 보관해 둔다. →

장식용 초코칩 쿠키

1 남은 반죽을 50g짜리 공 모양으로 성형한다. 오븐을 컨벡션 오븐 기준 160℃로 예열하고 베이킹 트레이 여러 개에 유산지를 깐다. 유산지를 깐 베이킹 트레이에 공 모양 쿠키 반죽을 배열한다. 각 반죽 사이에는 약 10cm의 간격을 둔다. 10분간 구운 후, 고른 열전달을 위해 트레이를 돌려 넣고 다시 3~4분간 굽는다.

2 쫄깃한 쿠키를 선호한다면, 굽기 시작한 지 13분이 지났을 때 오븐에서 쿠키를 꺼낸다. 바삭한 쿠키를 원한다면 약간 더 오래 굽는다.

3 완전히 식힌 후 밀폐 용기에 넣어 보관한다.

둘세 가나슈

농후 크림 175g

둘세 초콜릿 칩 250g

글루코스 시럽 18g

차가운 농후 크림 350g(추가 재료)

하루 전에 준비하기

1 농후 크림 175g을 작은 냄비에 넣고 부글부글 끓어오르기 전까지 끓인다.

2 둘세 초콜릿 칩 250g과 글루코스 시럽 18g을 계량해 내열 소재의 볼에 담는다.

3 크림을 초콜릿과 시럽이 담긴 볼에 붓고, 덩어리 없이 부드러워지도록 휘젓는다. 초콜릿이 완전히 녹지 않으면, 끓는 물이 3분의 1 정도 담긴 냄비 위에 볼을 올려 중탕하면서 계속 휘저어 초콜릿을 녹인다.

4 초콜릿이 녹고 혼합물이 완전히 유화되면 냄비에서 볼을 내리고 차가운 농후 크림을 붓는다. 계속 휘저으면서 부어 잘 섞이도록 한다.

5 볼을 덮어 냉장고에 하룻밤 둔다.

6 다음날 가나슈를 볼에 넣고 휘스크를 끼운 스탠드 믹서로 단단한 뿔이 생길 때까지 부드럽게 휘핑한다. 가나슈가 갈라지지 않도록 주의한다. 짤주머니에 옮겨 담는다.

마리 비스킷 프랑지판

실온의 버터 200g

황설탕 120g

정제 설탕(매우 고운 것) 80g

달걀 2개

마리 비스킷 120g

압착 귀리 40g

다목적용 밀가루 40g

소금 한 꼬집

1 플랫 비터를 끼운 스탠드 믹서로 버터와 두 종류의 설탕을 연한 거품처럼 될 때까지 휘젓는다.

2 계속 휘저으면서 달걀을 한 번에 하나씩 넣는다. 먼저 넣은 달걀이 완전히 잘 섞인 후 다음 달걀을 넣어야 한다. 첫 번째 달걀이 완전히 섞이고 나면 볼의 옆면을 긁어내린다.

3 푸드 프로세서에 마리 비스킷을 넣고 갈아 아몬드 가루와 비슷한 질감의 고운 가루로 만든다. 귀리도 갈아서 고운 가루를 낸다.

4 볼에 마리 비스킷 가루, 귀리 가루, 밀가루를 넣고 손 거품기로 잘 섞는다.

5 스탠드 믹서가 저속으로 작동하는 상태에서 버터와 설탕에 마른 재료와 소금을 넣는다. 볼의 옆면을 다시 잘 긁어내린 후 모든 재료가 잘 혼합되도록 스패츌러로 휘저어 마무리한다.

6 프랑지판을 별 모양 깍지를 끼운 짤주머니에 옮겨 담는다.

쿠키 설탕 시럽

물 500g

황설탕 220g

프란젤리코Frangelico(헤이즐넛 리큐어)
2테이블스푼

1 작은 냄비에 물과 황설탕을 넣고 설탕이 완전히 녹을 때까지 중불에 저어 가며 끓인다.
시럽이 끓어오르면 불에서 내려 프란젤리코를 넣는다.

조합하기, 굽기, 마무리하기

1 오븐을 컨벡션 오븐 기준 180℃로 예열한다. 베이킹 트레이에 유산지를 깐다.

2 큰 빵칼을 사용해 팽 오 쇼콜라를 반으로 자른다. 반으로 자른 각 팽 오 쇼콜라 조각의 잘린
단면에 브러시로 따뜻한 쿠키 설탕 시럽을 넉넉히 바른다. 팽 오 쇼콜라의 아래쪽 절반 위에
마리 비스킷 프랑지판을 굵게, 좌우로 오가며 구불구불하게 짜서 페이스트리를 완전히 덮는다.
약 15g의 밀크 초콜릿 칩을 프랑지판 위에 뿌리고, 그 위에 플레이크 천일염을 한 꼬집 뿌린다.
모든 팽 오 쇼콜라에 반복한다.

3 팽 오 쇼콜라의 위쪽 절반을 다시 올리고 손으로 조심스럽게 감싸 고정한다. 팽 오 쇼콜라
위에 마리 비스킷 프랑지판을 길게 한 줄 짜서 마무리하고, 아직 익지 않은 쿠키 반죽 크럼블
몇 개를 프랑지판에 박아 넣는다. 페이스트리 1개당 약 30g의 쿠키 반죽 크럼블을 사용한다.

4 팽 오 쇼콜라를 베이킹 트레이에 올리고, 속의 프랑지판이 고정될 때까지 20~25분간 굽는다.

5 오븐에서 꺼내 실온으로 완전히 식힌다.

6 팽 오 쇼콜라가 다 식으면, 110g의 밀크 초콜릿 칩을 내열 소재의 볼에 넣고 중탕하거나
전자레인지를 사용해 녹인다. 완전히 녹아 아직 따뜻할 때 작은 일회용 짤주머니에 옮겨 담는다.

7 밀크 초콜릿이 담긴 짤주머니의 끝을 잘라 1~2mm의 구멍을 내고, 좌우로 재빠르게 움직이면서
각 페이스트리 위에 초콜릿을 뿌린다.

8 초콜릿이 식어 굳도록 몇 분간 둔다. 먹기 바로 직전에 둘세 가나슈가 든 짤주머니의 끝을
잘라 4mm의 구멍을 낸 후 페이스트리 위의 쿠키 사이사이에 키세스 초콜릿 모양의 방울을 5개
짠다.

9 마지막으로 미리 구워 둔 쿠키를 일정하지 않은 모양의 작은 조각으로 부러뜨리고,
가나슈로 만든 키세스 초콜릿 모양의 방울을 지지대로 삼아 작은 초코칩 쿠키 조각 5개를
페이스트리 위에 고정한다.

레시피의 마지막 단계에 왔을 때는 이미 초코칩 쿠키의 절반을 먹었을 것이다.
룬의 직원들도 간식으로 이 쿠키를 선택했다.

특별한 날

룬 초창기에 캠과 함께 매주 페이스트리의 맛을 바꾸었다. 이제는 그게 엄청난 일이었다는 것을 알지만, 당시 우리는 늘 아이디어 회의를 한 후 최소한 크러핀 두 종류와 특별한 날을 위한 두 번 구운 페이스트리 한 종류 그리고 짭짤한 맛의 페이스트리 한 종류를 개발하곤 했다. 이 모든 것은 어느 토요일 저녁, 원래는 자파 케이크에서 영감을 얻은 크러핀이 될 운명이었던 오렌지 커드를 망쳐 버린 바람에 눈물 속에 불명예스럽게 막을 내렸다.

부활절을 앞두고 우리는 부활절 달걀 크러핀을 개발하고 있었다. 부활절의 긴 주말이 시작되기 몇 시간 전, 오후 8시쯤 그날의 생산을 마무리하고 나서 우리는 크러핀을 장식할 작은 부활절 초콜릿 달걀을 구하러 다니기 시작했다. 하지만 반경 5km 내의 모든 마트에서 품절이었다. 오후 10시경, 절박한 마음에 주유소로 눈을 돌렸고 마침내 초콜릿을 구할 수 있었다. 아마도 멜버른 근교를 통틀어 마지막으로 남은 초콜릿 달걀이었을 것이다.

지금 룬에서는 그때보다는 더 체계적으로 특별한 날을 위한 페이스트리를 만든다. 이 장에서는 그중 최고의 페이스트리 몇 가지를 소개한다.

앤잭 비스킷 퀸아망

Anzac Biscuit Kouign-Amann

6개분

지름 11cm짜리 스프링폼 틀 6개

퀸아망용으로 표시를 해 둔
40×20cm 크기의 페이스트리 반죽 1회분

틀에 바를 부드러운 버터 100g

틀에 뿌릴 정제 설탕(매우 고운 것) 100g

틀에 뿌릴 황설탕 100g

플레이크 천일염

앤잭 비스킷 반죽

〈뉴욕타임스〉의 2011년 기사에 따르면 퀸아망은 유럽에서 가장 기름진 페이스트리다. 그게 사실이라면, 앤잭 비스킷 퀸아망은 아마도 전 세계에서 가장 기름진 페이스트리임이 틀림없다. 그렇지만 이 달콤하고 버터의 풍미 가득한 예술 작품을 입에 넣을 때는 그런 것 따위는 생각하지 않는다. 이 페이스트리를 만들기 위해 거의 나흘을 고생한 후 베어 무는 한입의 앤잭 비스킷 퀸아망은 지금껏 먹어 본 음식 중 가장 만족스럽게 느껴질 것이다.

앤잭 비스킷 반죽

압착 귀리 150g

버터 125g

정제 설탕(매우 고운 것) 125g

황설탕 125g

골든 시럽 125g

잘게 간 건조 코코넛 150g

1 푸드 프로세서에 압착 귀리를 넣고 가볍게 간다.

2 버터와 두 종류의 설탕을 볼에 넣고 플랫 비터를 끼운 스탠드 믹서로 연한 거품처럼 될 때까지 크림화한다. 골든 시럽을 넣고 고속으로 섞은 뒤, 귀리와 코코넛을 넣는다.

3 베이킹 트레이에 유산지를 깔고 반죽을 따른다. 스패출러로 반죽을 평평하게 펴서 대강 직사각형 모양으로 만든다. 냉장고에 보관한다.

4 반죽이 굳고 나면 베이킹 트레이에서 반죽을 유산지째로 미끄러지게 해서 조심스럽게 꺼내고, 새 유산지를 반죽 위에 올린 뒤 밀대로 3mm의 두께가 되도록 민다. 반죽 위의 유산지를 제거하고 반죽을 36×18cm짜리 직사각형이 되도록 다듬는다.

5 반죽 위에 다시 유산지를 덮고 냉장 보관한다.

틀 준비하기

1 매우 고운 정제 설탕과 황설탕을 볼에 넣고 잘 저어 섞는다.

2 브러시로 스프링폼 틀에 부드러운 버터를 넉넉하게 바른 후, 섞어 둔 설탕을 각 틀에 붓고 흔들어 바닥과 옆면에 고르게 입힌다. 틀에 들러붙지 않은 설탕은 털어낼 것이므로 설탕의 양은 크게 중요하지 않다. 털어낸 설탕은 퀸아망을 성형할 때 쓰기 위해 보관해 둔다. 마지막으로 플레이크 천일염을 한 꼬집 집어 각 틀의 바닥에 흩뿌린다. 틀을 베이킹 트레이에 올리고 한쪽에 둔다. →

성형하기

1 앤잭 비스킷 반죽을 냉장고에서 꺼내 반죽 위의 유산지를 제거하고, 빠르고 대담한 한 번의 동작으로 페이스트리 반죽 위에 뒤집어 올려놓는다. 페이스트리 반죽 한가운데에 올려 반죽의 위아래 2cm씩은 비스킷 반죽으로 덮이지 않고 남아 있도록 한다. 가볍게 눌러 비스킷 반죽을 페이스트리 반죽에 붙인다. 비스킷 반죽에서 나머지 유산지도 제거한다.

2 페이스트리 반죽의 위쪽 모서리를 왼쪽부터 비스킷 반죽 위로 꼬집어 접어 넣는다. 이제 반죽을 몸쪽으로 조심스럽게 말아 원통형으로 만든다. 양쪽 끝이 똑바른지 확인하면서 만다. 이음매가 반죽 아래로 가도록 마무리한다.

3 이제 원통형 반죽의 옆에 자를 놓고, 총 6개의 퀸아망을 만들 수 있도록 과도를 사용해 3cm 마다 작은 자국을 낸다. 3cm마다 낸 자국에 톱니가 있는 빵칼을 대고 길게 톱질하듯이 반죽을 자른다.

4 퀸아망 하나를 소용돌이 모양이 풀리지 않도록 조심스럽게 들어 올려서 틀 준비 작업 후 보관해 둔 설탕에 윗면과 아랫면을 담갔다가 틀 안에 놓는다. 나머지 퀸아망 반죽도 같은 과정을 반복한다.

5 성형을 마친 앤잭 비스킷 퀸아망 반죽이 든 틀을 베이킹 트레이 위에 배열하고, 발효 작업 전까지 냉장고에 보관한다.

발효하기

1 앤잭 비스킷 퀸아망을 팬닝해 둔 트레이를 불이 꺼진 오븐에 넣고 아래 칸에 끓는 물이 담긴 그릇을 넣은 후 5~6시간 동안 발효시킨다. 반죽이 두 배 이상으로 커지고 틀 옆면에 닿을 정도로 부풀어 오르면 발효가 다 된 것이다. 설탕은 축축해 보이는 상태다.

굽기

1 발효된 퀸아망과 물이 담긴 그릇을 오븐에서 꺼낸다. 오븐을 컨벡션 오븐 기준 210℃로 예열한다. 예열하는 동안 퀸아망은 트레이 채로 냉장고에 넣어 반죽의 온도를 낮춘다. 이렇게 하면 굽는 동안 반죽의 모양이 유지된다.

2 예열이 완료되면 냉장고에서 트레이를 꺼내 곧바로 오븐에 넣는다. 210℃에서 5분간 구운 후, 오븐 온도를 160℃로 낮추어 5분간 더 굽는다. 굽는 동안 두 번째 트레이에 유산지를 깔아 작업대 위에 두고, 옆에는 내열 식힘망을 준비한다.

3 굽기 시작한 지 10분이 된 시점에 트레이를 오븐에서 꺼내 식힘망 위에 놓는다. 오븐 장갑을 끼고 매우 조심스럽게 각 틀을 들어 새 베이킹 트레이에 엎어 놓은 후 틀만 조심스럽게 제거한다. 이때 페이스트리는 덜 익고 설탕은 다 녹은 상태다. 퀸아망의 바깥층이 틀에 붙어 떨어지지 않을 수 있으므로, 세심한 주의를 기울인다. 오프셋 스패출러를 사용해 뒤집힌 퀸아망을 다시 조심스럽게 틀 안으로 옮긴다.

4 뒤집어 놓은 퀸아망을 올린 베이킹 트레이를 다시 오븐에 넣어 160℃에서 10~12분간 굽는다. 전체적으로 진한 황갈색이고 중심부만 약간 옅은 색이 되면 완성된 것이다.

5 오븐 장갑을 끼고, 오븐에서 꺼낸 퀸아망을 최대한 안전하고도 빠르게 깨끗한 트레이 위에 뒤집어 놓고 틀을 제거한다. 퀸아망이 서로 닿지 않도록 주의한다.

6 실온으로 완전히 식힌 후 먹는다. 이 페이스트리의 최상의 맛은 오븐에서 갓 나와 따뜻한 상태가 아닐 때 경험할 수 있다.

다 식은 페이스트리는 귀리와 코코넛으로 만든 쫄깃한 앤잭 비스킷 반죽과 하나가 되어 시작도 끝도 없는, 조화로운 단맛과 짠맛의 행복을 선사한다.

두 번 구운 생일 케이크 크루아상

Birthday Cake Twice Baked

6개분

전날 구운 크루아상 6개

우유 시럽

생일 케이크 프랑지판

크럼블

바닐라 버터크림

장식용 스프링클

장식용 슈거 파우더

가끔 우상으로 생각하는 사람이 있느냐는 질문을 받는다. 내게는 우상이 없다. 주변의 몇몇 사람들을 존경하고 또 그들로부터 영감을 얻기는 하지만, 그건 누군가를 우상으로 생각하는 것과는 다르다고 생각한다. 그들을 우상보다는 롤 모델이라고 부른다.

개인적으로 알지는 못하지만 정말 존경하는 요리 업계의 인물이 있다. 바로 크리스티나 토시다. 내 페이스트리 스타일과 매우 다른 크리스티나의 페이스트리는 어린 시절의 추억을 자극한다. 순수했던 시절의 맛과 관련된 추억을 불러일으키는 경험을 선사하기 위해 크리스티나가 새로운 길을 개척하는 방식을 좋아한다.

두 번 구운 생일 케이크 크루아상은 크리스티나에 대한 예찬이다. 이 크루아상은 2017년 처음 등장한 이래 매년 재등장하고 있는데, 재미있게도 늘 내 생일이나 룬의 창립 기념일쯤에 내놓게 된다.

이 레시피에서 주의할 점은, 모든 스프링클이 똑같지 않다는 점이다. 먼저 스프링클은 지역에 따라 헌드레즈 앤드 사우전즈, 지미스, 하헬슬라흐 등 여러 가지 이름으로 불린다. 또한 모양도 다양하다. 부드러운 식감의 길고 가느다란 막대기 모양도 있고, 더 바삭한 식감의 동그란 모양도 있다.

생일 케이크 프랑지판

버터 200g

황설탕 120g

달걀 2개

바닐라 익스트랙트 1티스푼

버터밀크 70g

체에 친 다목적용 밀가루 120g

데친 아몬드 가루 100g

소금 한 꼬집

1 플랫 비터를 끼운 스탠드 믹서로 버터와 설탕을 연한 거품처럼 될 때까지 휘젓는다.

2 달걀을 한 번에 하나씩 넣는다. 먼저 넣은 달걀이 완전히 잘 섞인 후 다음 달걀을 넣어야 하며, 두 번째 달걀을 넣을 때 바닐라 익스트랙트를 같이 넣는다. 첫 번째 달걀이 완전히 섞이고 나면 볼의 옆면을 긁어내린다.

3 스탠드 믹서가 저속으로 작동하는 상태에서 버터밀크, 밀가루, 아몬드 가루를 추가로 넣는다. 볼의 옆면을 다시 잘 긁어내린 후 모든 재료가 잘 혼합되도록 스패출러로 휘저어 마무리한다. 이 프랑지판은 버터밀크 때문에 다른 프랑지판에 비해 약간 더 부드러우므로, 볼에 랩을 씌우고 냉장고에 넣어 1시간 동안 굳힌다.

4 프랑지판을 별 모양 깍지를 끼운 짤주머니에 옮겨 담는다.

크럼블

부드러운 버터 250g

체에 친 다목적용 밀가루 230g

체에 친 커스터드 분말 100g

체에 친 슈거 파우더 90g

스프링클 1테이블스푼

1 부드러운 버터를 플랫 비터를 끼운 스탠드 믹서로 연한 색의 크림이 될 때까지 휘젓는다.

2 밀가루, 커스터드 분말, 슈거 파우더, 스프링클을 넣고 재료들이 엉겨 붙어 크럼블 덩어리처럼 될 때까지 저속으로 섞는다. 작은 자갈 크기의 크럼블이 되어야 한다.

3 용기에 담아 냉장고에 보관한다. →

우유 시럽

우유 500g

정제 설탕(매우 고운 것) 250g

바닐라 익스트랙트 1테이블스푼

1 작은 냄비에 모든 재료를 넣고 중불에 저어 가며 끓인다. 설탕이 다 녹으면 불에서 내린다.

바닐라 버터크림

실온의 흰자 2개

정제 설탕(매우 고운 것) 200g

물 60g

실온의 버터 250g

레몬즙 1테이블스푼

바닐라 익스트랙트 1티스푼

1 휘스크를 끼운 스탠드 믹서로 흰자를 부드러운 뿔이 생길 때까지 휘핑한다.

2 그동안 작은 냄비에 설탕과 물을 넣고 설탕이 녹도록 저어 가며 끓여 설탕 시럽을 만든다. 설탕공예용 온도계로 시럽의 온도를 확인해 115~118℃가 되도록 한다.

3 해당 온도가 되면 시럽을 불에서 내리고, 저속으로 휘핑 중인 흰자에 시럽을 천천히 일정한 속도로 부어 넣는다.

4 시럽을 다 넣고 나면 믹서의 속도를 높여 볼이 체온과 비슷한 온도로 식을 때까지 휘핑한다.

5 실온의 버터를 2cm짜리 조각으로 자르고, 휘핑 중인 머랭에 버터를 한 번에 2~3조각씩 넣는다. 먼저 넣은 버터가 완전히 잘 섞인 후 다음 버터를 넣도록 한다.

6 버터를 다 넣고 나면 레몬즙과 바닐라 익스트랙트를 넣고 휘저어 잘 섞는다.

7 별 모양 깍지를 끼운 짤주머니에 옮겨 담는다.

조합하기, 굽기, 마무리하기

1 오븐을 컨벡션 오븐 기준 180℃로 예열한다. 베이킹 트레이에 유산지를 깐다.

2 큰 빵칼을 사용해 크루아상을 반으로 자른다. 반으로 자른 각 크루아상 조각의 잘린 단면에 브러시로 따뜻한 우유 시럽을 넉넉히 바른다. 크루아상의 아래쪽 절반 위에 생일 케이크 프랑지판을 굵게, 좌우로 오가며 구불구불하게 짠다. 크루아상의 뚜껑을 덮기 전에 스프링클을 넉넉하게 집어 프랑지판 위에 뿌린다.

3 크루아상의 위쪽 절반을 다시 올리고 손으로 조심스럽게 감싸 고정한다. 크루아상 위에 생일 케이크 프랑지판을 길게 한 줄 짜서 마무리하고, 크럼블 덩어리를 프랑지판에 박아 넣는다.

4 크루아상을 베이킹 트레이에 올리고, 속의 프랑지판이 고정될 때까지 20~25분간 굽는다.

5 오븐에서 꺼내 실온으로 완전히 식힌다.

6 크루아상이 다 식으면 슈거 파우더를 뿌린다.

7 마지막으로 키세스 초콜릿 모양의 바닐라 버터크림 방울 6~7개를 크루아상 위 여기저기에 짠다. 버터크림 방울 위에 스프링클을 뿌려 장식한다. 이 과정은 크루아상이 완전히 식은 후에 진행해야 한다. 그렇지 않으면 버터크림이 녹을 수 있다.

크루아상도 좋아하고 생일 케이크도 좋아한다면, 이제부터는 늘 이 생일 케이크 크루아상으로 여러분이 주인공인 특별한 날을 축하하게 될 것이다.

셰프의 노트 이 바닐라 버터크림은 이탈리안 머랭법으로 만든다.

핫 크로스 크러핀

Hot Cross Cruffin

6개분

발효하고 아직 굽지 않은 크러핀 6개

십자 무늬용 밀가루 페이스트

글레이즈

향신료를 넣은 과일 커스터드

핫 크로스 크러핀은 2014년 처음 출시한 이래 매년 부활절마다 판매하는 페이스트리다. 룬에서 장난스럽고 재미있는 페이스트리라고만 여겼던 이 크러핀에는 오랜 시간 동안 수많은 열정적인 팬이 생겨났고, 놀랍게도 출시되자마자 큰 인기를 얻었다.

2020년, 룬의 역사상 최초로 온라인 선주문 시스템을 도입해야 하는 상황을 맞았다. 이때는 마침 부활절 시즌으로, 원래 룬이 매우 바쁜 시기였다. 주문 시스템을 개시한 첫날, 불과 6분밖에 지나지 않았는데 핫 크로스 크러핀만 1,300개의 주문이 들어왔다. 이는 큰 문제였는데, 룬에는 크러핀 틀이 500개밖에 없었기 때문이다. 당황한 우리는 멜버른의 여러 소매점에서 구할 수 있는 모든 크러핀 틀을 구했다. 핫 크로스 크러핀에 대한 실제 수요를 처음으로 깨닫게 된 순간이었다.

이 책의 다른 크러핀 레시피와는 달리, 이 레시피는 크러핀 반죽을 발효하고 달걀물을 바른 다음 구울 준비를 끝낸 시점에서 시작한다.

향신료를 넣은 과일 커스터드

우유 300g

씨를 긁어낸 바닐라 꼬투리 1/2개

시나몬 가루 1/2티스푼

팔각 1/4개

믹스트 스파이스 1/4티스푼

너트메그 가루 한 꼬집

정제 설탕(매우 고운 것) 50g

노른자 4개

다목적용 밀가루 10g

옥수숫가루(옥수수 전분) 10g

소금 한 꼬집

설타나 35g

믹스트 필mixed peel 30g

레몬 1개분의 제스트

하루 전에 준비하기

1   우유, 바닐라, 향신료를 작은 냄비에 넣고 끓어오르기 직전까지 끓인다. 우유가 보글댈 정도로만 불을 낮추어 향신료의 향이 우러나오게 두고 다른 재료를 준비한다.

2   우유를 끓이는 동안 매우 고운 정제 설탕과 노른자를 볼에 넣고 밝고 연한 색이 될 때까지 휘핑한다. 다목적용 밀가루, 옥수숫가루(옥수수 전분), 소금을 넣고 다시 휘저어 잘 섞는다.

3   향신료를 넣은 따뜻한 우유를 휘핑한 노른자에 천천히 부으면서 계속 휘저어 섞는다. 노른자와 우유 혼합물을 다시 냄비에 붓고 계속 저어 가며 중불에 끓인다. 끓어오르면 저어 가며 3분간 더 끓여 걸쭉한 농도의 커스터드를 만든다.

4   불에서 내린 후 설타나, 믹스트 필, 레몬 제스트를 넣고 섞는다.

5   깨끗한 내열 소재의 볼에 옮겨 담는다. 막이 생기지 않도록 커스터드의 표면에 랩을 씌운 뒤 냉장고에 보관한다.

6   '마무리하기' 단계 바로 전에 커스터드를 냉장고에서 꺼내 랩을 제거하고 거품기로 풀어 준다. 짤주머니에 옮겨 담는다. →

십자 무늬용 밀가루 페이스트

다목적용 밀가루 160g

베이킹파우더 2g

소금 2g

설탕 2g

물 160g

기름 30g

1　모든 재료를 볼에 넣고 플랫 비터를 끼운 스탠드 믹서를 사용해 저속으로 섞는다. 재료가 완전히 다 섞이면 짤주머니에 옮겨 담는다.

글레이즈

정제 설탕(매우 고운 것) 120g

물 120g

1　작은 냄비에 물과 설탕을 넣고 설탕이 완전히 녹을 때까지 중불에 저어 가며 끓인다. 시럽이 끓어오르면 불에서 내린다.

굽기

1　오븐을 컨벡션 오븐 기준 210℃로 예열한다.

2　밀가루 페이스트를 담은 짤주머니의 끝을 잘라 약 3mm의 작은 구멍을 낸다. 달걀물을 바른 크러핀 반죽 위에 재빠르고도 조심스럽게 십자 무늬를 파이핑한다.

3　예열한 오븐에 반죽을 넣고 210℃에서 5분간 굽는다. 1차로 5분간 구운 뒤 오븐 온도를 160℃로 내려 15분간 더 굽는다. 오븐 장갑을 끼고 오븐을 열어 트레이를 180도 회전시켜 넣은 뒤 윗면이 노릇노릇한 황갈색이 될 때까지 마지막으로 6분간 굽는다.

4　크러핀의 가장 바깥층이 더 이상 틀에 붙어 있지 않아서 크러핀을 틀 안에서 돌릴 수 있으면 완전히 구워진 것이다.

5　다 구워진 크러핀은 5분간 그대로 두었다가 틀에서 꺼내 식힘망 위에서 식힌다. 즉시 따뜻한 글레이즈를 아직 따뜻한 크러핀 위에 바른다.

6　식힘망 위에서 20분간 더 식힌다.

마무리하기

1　크러핀 바닥에 구멍을 낸다. 크러핀 위에 구멍을 내는 다른 크러핀 레시피와 다른 점이다. 이 레시피에서는 십자 무늬를 망가뜨리지 않기 위해 필링을 바닥 쪽으로 넣는다.

2　글레이즈를 너무 많이 만지지 않도록 주의하며, 크러핀 하나를 거꾸로 들고 과도를 크러핀 바닥의 한가운데에 넣어 4분의 3지점까지 구멍을 낸다. 위쪽까지 관통하지 않도록 조심한다. 이 구멍에 짤주머니를 대고 필링을 채우게 된다.

3　크러핀 하나를 디지털 저울에 놓고 영점을 맞춘 뒤, 향신료를 넣은 과일 커스터드 45g을 크러핀 바닥의 구멍에 짜 넣는다. 짤주머니의 끝부분이 크러핀 안쪽 깊숙이 들어갔는지 확인한 후 진행한다. 크러핀을 원위치로 돌려 식힘망 위에 놓는다. 나머지 크러핀에도 같은 과정을 반복한다.

페르시안 러브 케이크

Persian Love Cake

6개분

전날 구운 크루아상 6개

로즈워터 시럽

피스타치오와 로즈워터 프랑지판
('필수 재료' 262페이지 참고)

페르시안 러브 케이크

토핑용 펄슈가 200g

토핑용 피스타치오 조각 200g

로즈워터 버터크림

장식용 말린 장미 꽃잎

페르시안 러브 케이크는 맛도 훌륭할 뿐만 아니라 보기에도 정말 아름답다. 룬에서는 매년 밸런타인데이나 어버이날에 이 크루아상을 판매한다. 하지만 어느 한가한 평일 오후에 즐긴다고 해도 아무 문제없는 맛있는 크루아상이다.

페르시안 러브 케이크도 두 번 구워서 만드는데, 이 크루아상의 모든 구성 요소에는 로즈워터가 들어간다. 로즈워터는 향미가 꽤 강하게 느껴질 수 있으므로 로즈워터를 제한적으로 사용하면 좋다.

페르시안 러브 케이크

데친 아몬드 가루 300g

원당 180g

황설탕 180g

냉장 온도의 깍둑썰기한 버터 100g

그릭 요거트 200g

달걀 2개

너트메그 가루 1티스푼

하루 전에 준비하기

1 오븐을 컨벡션 오븐 기준 180℃로 예열한다. 25×15cm짜리 브라우니 틀에 유지를 바르고 유산지를 깐다.

2 데친 아몬드 가루, 원당, 황설탕, 차가운 버터를 볼에 넣고 섞은 후, 손가락 끝으로 재료들을 비벼 굵은 가루로 만든다. 이 과정은 푸드 프로세서로 진행할 수도 있다. 모든 재료가 한데 섞여 균질한 가루가 되고 눈에 보이는 버터 덩어리가 없을 때까지 푸드 프로세서를 작동하면 된다.

3 굵은 가루 500g을 숟가락으로 떠서 브라우니 틀에 넣고 고르게 펼친 뒤 치즈케이크의 바닥 부분처럼 단단한 베이스가 되도록 꾹 눌러 준다.

4 남은 가루에 그릭 요거트, 달걀, 너트메그 가루를 넣고 섞어 덩어리 없고 균질한 반죽을 만든다. 혹은 푸드 프로세서에 넣고 빠르게 섞어서 반죽을 만들 수도 있다. 푸드 프로세서를 사용할 때는 과반죽하지 않도록 주의한다.

5 반죽을 베이스 위에 붓고, 브라우니 틀을 작업대에 가볍게 쳐서 반죽 표면을 평평하게 만든다.

6 30~35분간 굽는다.

7 오븐에서 꺼내 실온으로 식힌 후, 냉장고에 넣고 하룻밤 굳힌다.

8 다음날 케이크를 틀에서 제거한 후 자를 사용해 4×7cm짜리 조각으로 자른다. 크루아상을 조합하기 전까지 밀폐 용기에 넣어 보관한다.

로즈워터 시럽

물 500g

정제 설탕(매우 고운 것) 220g

로즈워터 1테이블스푼

1 작은 냄비에 물과 설탕을 넣고 설탕이 완전히 녹을 때까지 중불에 저어 가며 끓인다. 시럽이 끓어오르면 불에서 내려 로즈워터를 넣는다. →

로즈워터 버터크림

실온의 흰자 2개

물 60g

정제 설탕(매우 고운 것) 200g

실온의 버터 250g

로즈워터 1테이블스푼

분홍색 식용 색소 3방울

1   휘스크를 끼운 스탠드 믹서로 흰자를 부드러운 뿔이 생길 때까지 휘핑한다.

2   그동안 작은 냄비에 설탕과 물을 넣고 설탕이 녹도록 저어 가며 끓여 시럽을 만든다. 설탕공예용 온도계로 시럽의 온도를 확인해 115~118℃가 되도록 한다.

3   해당 온도가 되면 설탕 시럽을 불에서 내리고, 저속으로 휘핑 중인 흰자에 시럽을 천천히 부어 넣는다. 시럽을 다 넣고 나면 믹서의 속도를 높여 볼이 체온과 비슷한 온도로 식을 때까지 휘핑한다.

4   실온의 버터를 2cm짜리 조각으로 자르고, 휘핑 중인 머랭에 버터를 한 번에 2~3조각씩 넣는다. 먼저 넣은 버터가 완전히 잘 섞인 후 다음 버터를 넣도록 한다.

5   버터를 다 넣고 나면 로즈워터와 분홍색 식용 색소를 넣고 휘저어 잘 섞는다. 색소를 많이 넣게 되면 색이 진해질 수 있으니, 한 번에 넣지 말고 조금씩 색을 확인하면서 넣는다.

6   별 모양 깍지를 끼운 짤주머니에 옮겨 담는다.

조합하기 및 굽기

1   오븐을 컨벡션 오븐 기준 180℃로 예열한다. 베이킹 트레이에 유산지를 깐다.

2   큰 빵칼을 사용해 크루아상을 반으로 자른다. 반으로 자른 각 크루아상 조각의 잘린 단면에 브러시로 따뜻한 로즈워터 시럽을 넉넉히 바른다. 크루아상의 아래쪽 절반에 피스타치오와 로즈워터 프랑지판을 짜서 덮는다. 아몬드 크루아상을 만들 때처럼 많이 짜지는 않아도 된다.

3   프랑지판 위에 페르시안 러브 케이크 한 조각을 올리고 살짝 눌러 케이크가 프랑지판 속에 박히게 한다.

4   펄슈가와 피스타치오 조각을 중간 크기의 볼에 넣고 저어 섞는다.

5   크루아상의 위쪽 절반을 다시 올리고 손으로 조심스럽게 감싸 고정한다. 크루아상 위에 피스타치오 프랑지판을 길게 한 줄 짜서 마무리한다. 매우 조심스럽게 페이스트리를 거꾸로 들고 프랑지판을 펄슈가와 피스타치오 조각이 담긴 볼에 살짝 눌러 묻힌다. 프랑지판이 약간 납작해지고 펄슈가와 피스타치오 조각이 충분히 묻도록 페이스트리를 누른다.

6   크루아상을 베이킹 트레이에 올리고, 크루아상 속의 프랑지판이 고정될 때까지 20~25분간 굽는다.

7   오븐에서 꺼내 실온이 될 때까지 30분 이상 식힌다.

8   식으면 키세스 초콜릿 모양의 로즈워터 버터크림 방울 6~7개를 크루아상 위 여기저기에 짠다. 버터크림 방울 위에 말린 장미 꽃잎을 뿌려 장식한다.

남은 페이스트리

지금까지 꼬박 3일이 걸리는 페이스트리 반죽을 밀고 접고 자르고 발효하고 굽는 과정에 전념했다면,
크루아상이 필요했던 것보다 많아졌을 수도 있다. 이미 여러 번 다른 방법으로 만들어 먹었지만, 그러고도
남은 크루아상은 어떻게 해야 할까?

남은 클래식 크루아상을 화려한 예술 작품으로 탈바꿈시키는 몇 가지 방법을 소개하려고 한다.
크루아상은 지퍼백에 담아 냉동실에 넣어 두면 오랫동안 보관할 수 있다. 예고 없는 저녁 식사 자리에
보기 좋은 디저트를 만들어야 하거나 샐러드를 한 단계 업그레이드시키고 싶을 때 냉동해 둔 크루아상을
곧바로 꺼내 사용할 수 있다.

크루아상 '브레드 앤드 버터' 푸딩

Croissant 'Bread and Butter' Pudding

10~12인분

전날 구운 크루아상 6개

달걀 4개

우유 250g

농후 크림 250g

바닐라 익스트랙트 1티스푼

정제 설탕(매우 고운 것) 30g

브레드 앤드 버터 푸딩은 이름만 들으면 그렇게 화려하지 않다고 생각할 수 있지만, 사실 기대 이상으로 훌륭한 맛을 자랑한다. 그래서 이 푸딩은 2018년 룬 랩의 디저트로 올라갔다.

룬 랩에 걸맞게 우리는 뻔한 푸딩을 만들지 않고 대신 크루아상 푸딩을 정교하게 잘라 브라운 버터에 굽고 바닐라 설탕을 입혔다. 그리고 직접 만든 발효 크림과 콩포트를 곁들여 완성했다.

여기서 크루아상으로 만든 브레드 앤드 버터 푸딩 레시피를 소개한다. 그 자체로도 환상적인 맛이며, 최고급 바닐라 아이스크림 한 스쿱을 올려 저녁 식사 자리에서 손님들에게 대접한다면 접시를 핥는 손님들의 모습을 보게 될 것이다. 기본 레시피에 맛의 변화를 주고 싶다면 몇 가지 베리에이션 레시피도 시도해 봐도 좋다.

조합하기

1   식빵 틀에 유지를 바르고 유산지를 깐다.

2   크루아상을 거칠게 뜯어 식빵 틀 안에 배열한다.

3   그동안 달걀, 우유, 크림, 바닐라 익스트랙트, 설탕을 볼에 넣고 섞는다. 달걀 혼합물을 식빵 틀 안에 담긴 크루아상 위에 붓고, 크루아상이 달걀 혼합물을 흡수하도록 1시간 이상 둔다.

4   오븐을 컨벡션 오븐 기준 160℃로 예열한다. 푸딩을 오븐에 넣어 45분간, 혹은 긴 나무꼬치를 푸딩에 찔렀을 때 묻어 나오는 것이 없을 때까지 굽는다.

5   완전히 식힌 후 식빵 틀을 뒤집어 꺼낸다.

6   두툼하게 자른 뒤, 묽은 농도의 크림과 함께 완성한다.

세 가지 베리에이션

1   크루아상을 거칠게 뜯는 대신 슬라이스 조각으로 자르고, 헤이즐넛 스프레드를 바른 후 식빵 틀에 넣는다. 나머지 과정은 위 레시피를 따른다.

2   시칠리아의 느낌을 주려면, 크루아상 조각을 식빵 틀에 배열할 때 리코타 치즈와 잘게 다진 다크 초콜릿을 군데군데에 놓는다. 달걀 혼합물에 오렌지 1개분의 제스트를 넣는다. 나머지 과정은 위 레시피를 따른다.

3   럼 2테이블스푼을 작은 냄비에 살짝 데운 후 불에서 내려 건포도 100g을 넣는다. 1시간 동안 담가 둔다. 럼에 절인 건포도를 크루아상 조각 사이사이에 흩어 놓는다. 달걀 혼합물에 방금 간 너트메그를 한 꼬집 넣는다.

초콜릿을 입힌 크루아상 '비스코티'

Chocolate-Dipped Croissant 'Biscotti'

커피를 마실 때 크루아상 하나를 다 먹고 싶지 않을 때가 있다. 이때 남은 크루아상을 활용할 수 있다. 이 레시피의 캐러멜화해서 두 번 구운 얇은 크루아상 슬라이스 조각들은 '비스코티'와 유사하다. 비스코티는 일반적으로 달콤한 반죽을 큰 덩어리로 한 번 굽고, 구운 반죽을 얇게 슬라이스 조각으로 자른 후 다시 구워서 만든다. 그 결과 커피에 콕 찍어 적셔 먹기에 딱 좋은 건조하고 바삭한 식감이 만들어진다.

마침 남은 크루아상이 있다면 크루아상 비스코티를 만들어 보관해 두고, 커피를 마시거나 크루아상을 먹고 싶을 때 언제든 꺼내어 먹어도 좋다. 주의해야 할 것은 하나만 먹고는 멈출 수가 없다는 점이다.

크루아상 '비스코티'

만든 지 하루 뒤에 얼려 둔 크루아상 6개

농후 크림 500g

정제 설탕(매우 고운 것) 300g

플레이크 천일염 4티스푼

1 오븐을 컨벡션 오븐 기준 150℃로 예열하고 베이킹 트레이에 유산지를 깐다.

2 크루아상이 단단한 냉동 상태를 유지하도록 냉동실에서 한 번에 하나씩 꺼낸다. 크루아상을 세로 방향으로 가장 높은 부분을 관통하도록 반으로 자른 후, 각 절반을 잘 드는 빵칼을 사용해 가로로 잘라서 아주 얇은 슬라이스 조각을 만든다.

3 냄비에 크림, 설탕, 소금을 넣고, 설탕과 소금이 녹도록 저어 가며 약불에 데운다.

4 크루아상 슬라이스 조각을 한 번에 하나씩 집어 조심스럽게 따뜻한 크림을 입힌다. 여분의 크림은 털어낸 후, 유산지를 깐 베이킹 트레이에 서로 겹치지 않도록 놓는다.

5 크림을 입힌 슬라이스 조각들 위에 여분의 설탕을 뿌리고, 오븐에 넣어 약간 어두운 황갈색이 될 때까지 굽는다. 이 과정은 생각보다 오래 걸린다. 타이머를 30분에 맞추고, 30분째에 비스코티의 색을 확인한다. 아름다운 색이 나고 캐러멜화되려면 시간이 약간 더 필요할 수도 있다.

6 완전히 식힌 후 초콜릿을 입히기 전까지 용기에 담아 보관한다. →

템퍼링된 초콜릿

다크 초콜릿(코코아 함량 70%) 1kg

코코아 버터 10g

1 중간 크기의 냄비에 5cm 깊이의 물을 끓인 후 계속 보글보글 끓도록 불을 낮춘다. 내열 소재의 금속 볼을 냄비 위에 올린다. 볼의 바닥이 물에 직접 닿지 않도록 주의한다. 끓는 물에서 생겨난 물방울이 볼 안에 들어가면 템퍼링을 망칠 수 있기 때문에 볼의 크기가 냄비와 잘 맞도록 한다.

2 볼에 초콜릿 750g과 코코아 버터를 넣고 온도를 관찰하며 녹인다. 온도가 50℃가 되면 냄비에서 조심스럽게 볼을 내리고 남은 250g의 초콜릿을 조금씩 추가한다. 초콜릿을 넣을 때는 물기 없이 깨끗한 스패출러로 계속 저으면서 온도를 관찰한다. 초콜릿 250g을 넣고 나면 녹인 초콜릿의 온도가 내려갈 것이다.

3 초콜릿의 온도가 28℃까지 내려가면 볼을 다시 냄비에 잠깐 올린다. 계속 저으면서 온도를 32℃까지 높인다.

4 이제 템퍼링된 초콜릿이 완성되었다. 곧바로 사용할 수 있다.

마무리하기

1 여러 개의 베이킹 트레이에 유산지를 깐다.

2 식힌 크루아상 비스코티 조각 하나를 들어 올려 한쪽 끝을 템퍼링한 초콜릿에 담근다. 비스코티를 빙글빙글 돌려 여분의 초콜릿을 떨어뜨린 뒤, 유산지를 깐 베이킹 트레이에 놓는다. 초콜릿이 완전히 굳도록 둔다. 템퍼링이 제대로 되었다면 굳은 초콜릿의 표면에 광이 나고, 초콜릿을 부러뜨리거나 깨물면 딱 소리를 내며 부러질 것이다.

3 나머지 크루아상 비스코티에도 같은 과정을 반복한다.

4 완성된 크루아상 비스코티는 밀폐 용기에 켜켜이 놓고, 각 층 사이에는 유산지를 깔아 보관한다.

셰프의 노트 크루아상은 빨리 녹으므로 슬라이스 조각으로 자를 때 재빠르게 작업해야 한다. 크루아상을 고르고 얇게 자르려면 최대한 단단한 상태를 유지하도록 하는 것이 중요하다.

크루아상 크루통

Croissant Croutons

구운 지 하루 지난 크루아상

위에 뿌릴 올리브유

플레이크 천일염

간 흑후추

전 세계에는 말린 빵 조각을 일컫는 크루통을 넣은 다양한 요리들이 있다. 토스카나 지방의 토마토가 들어간 단순하지만 완벽한 판자넬라panzanella도 있고, 레바논의 전통 요리인 팟투시fattoush는 남은 피타pita 브레드를 튀겨 잘게 썬 제철 채소나 허브와 함께 드레싱에 버무려 먹는다. 또 시저 샐러드caesar salad는 크림 같이 짭짤한 요리에 텍스처 깊이를 더하기 위해 바삭한 크루통을 넣는다.

이는 단 세 가지 예에 불과하다. 수많은 수프 역시 크루통을 곁들인다면 훨씬 풍부한 맛을 경험할 수 있다. 그 예로 프렌치 어니언 수프french onion soup가 있다. 따라서 남은 크루아상을 활용해 만든 크루통은 간단하면서도 강력한 주방의 비밀 무기가 되어줄 것이다.

조합하기

1　남은 크루아상은 마르고 딱딱해지도록 최소 하룻밤 동안 그대로 둔다.

2　다음날 오븐을 컨벡션 오븐 기준 155℃로 예열한다. 각 크루아상을 4~5개의 큰 조각으로 자른 후, 각 조각을 약 5cm 크기로 거칠게 뜯거나 자른다.

3　크루아상 조각들을 베이킹 트레이에 겹치지 않게 놓는다. 너무 빽빽하게 놓지 않도록 한다. 크루아상 위에 올리브유를 뿌리고 플레이크 천일염와 후추를 넉넉히 뿌려 간한다.

4　15~20분간 굽는다. 5분마다 크루통을 트레이 위에서 뒤섞어 전체적으로 짙은 황갈색을 띠고 바삭해지도록 굽는다.

5　실온으로 식힌 후 샐러드나 수프에 넣는다.

셰프의 노트 크루아상 크루통은 밀폐 용기에 보관할 수 있기는 하지만, 최고의 바삭함을 즐기려면 **만든 직후 바로 먹는 것을 추천한다.**

필수 재료

여기서는 책 전체에서 여러 번 언급된 필수 재료의 레시피를 소개한다.

프랑지판

아몬드 프랑지판

실온의 버터 200g

정제 설탕(매우 고운 것) 200g

오렌지 1개분의 제스트

달걀 2개

생아몬드 가루 200g

1 플랫 비터를 끼운 스탠드 믹서로 버터, 설탕, 오렌지 제스트를 연한 거품처럼 될 때까지 휘젓는다.

2 계속 휘저으면서 달걀을 한 번에 하나씩 넣는다. 먼저 넣은 달걀이 완전히 잘 섞인 후 다음 달걀을 넣어야 한다. 첫 번째 달걀이 완전히 섞이고 나면 볼의 옆면을 긁어내린다.

3 아몬드 가루를 넣고 저속으로 섞는다. 볼의 옆면을 다시 잘 긁어내린 후 모든 재료가 잘 혼합되도록 스패출러로 휘저어 마무리한다.

4 프랑지판을 별 모양 깍지를 끼운 짤주머니에 옮겨 담는다.

코코넛 프랑지판

실온의 버터 200g

정제 설탕(매우 고운 것) 200g

달걀 2개

건조 코코넛 100g

데친 아몬드 가루 100g

1 플랫 비터를 끼운 스탠드 믹서로 버터와 설탕을 연한 거품처럼 될 때까지 휘젓는다. 계속 휘저으면서 달걀을 한 번에 하나씩 넣는다. 먼저 넣은 달걀이 완전히 잘 섞인 후 다음 달걀을 넣어야 한다. 건조 코코넛과 데친 아몬드 가루를 넣고 섞는다. 프랑지판을 별 모양 깍지를 끼운 짤주머니에 옮겨 담는다.

피스타치오와 로즈워터 프랑지판

실온의 버터 200g

정제 설탕(매우 고운 것) 200g

달걀 2개

데친 아몬드 가루 100g

데친 피스타치오 가루 100g

로즈워터 1/2티스푼

1 플랫 비터를 끼운 스탠드 믹서로 버터와 설탕을 연한 거품처럼 될 때까지 휘젓는다. 계속 휘저으면서 달걀을 한 번에 하나씩 넣는다. 먼저 넣은 달걀이 완전히 잘 섞인 후 다음 달걀을 넣어야 한다. 마지막으로 아몬드 가루, 피스타치오 가루, 로즈워터를 넣고 섞는다. 프랑지판을 별 모양 깍지를 끼운 짤주머니에 옮겨 담는다.

피넛버터 프랑지판

실온의 버터 120g

덩어리 없는 피넛버터 80g

정제 설탕(매우 고운 것) 200g

데친 아몬드 가루 100g

1 플랫 비터를 끼운 스탠드 믹서로 버터, 피넛버터, 설탕을 연한 거품처럼 될 때까지 휘젓는다. 계속 휘저으면서 달걀을 한 번에 하나씩 넣는다. 먼저 넣은 달걀이 완전히 잘 섞인 후 다음 달걀을 넣어야 한다. 거기다 아몬드 가루를 넣고 섞는다. 프랑지판을 별 모양 깍지를 끼운 짤주머니에 옮겨 담는다.

크렘 파티시에르와 커스터드

바닐라 크렘 파티시에르

우유 300g

씨를 긁어낸 바닐라 꼬투리 1/4개

노른자 4개

정제 설탕(매우 고운 것) 50g

체에 친 다목적용 밀가루 10g

체에 친 옥수숫가루(옥수수 전분) 10g

1 냄비에 우유와 바닐라 꼬투리를 넣고 끓인다. 끓어오르기 전까지만 끓이고, 막이 생기지 않도록 한다.

2 우유를 데우는 동안 정제 설탕과 노른자를 볼에 담아 연하고 밝은 색이 될 때까지 휘핑한다. 다목적용 밀가루와 옥수숫가루(옥수수 전분)를 넣고 휘핑해서 잘 섞는다.

3 우유가 막 끓어오르려고 할 때 우유를 휘핑한 노른자에 천천히 부어 넣으면서 잘 섞이도록 계속 휘핑한다. 이제 노른자와 우유 섞은 것을 다시 냄비에 붓는다. 끓어오르기 전까지 중불에서 계속 저어 가며 끓이고, 끓기 시작하면 3분간 더 저어서 걸쭉한 농도의 크렘 파티시에르가 되도록 한다.

4 불에서 내려 깨끗한 볼에 붓는다. 크렘 파티시에르의 표면에 랩을 씌워서 막이 생기지 않도록 한다. 사용 전까지 냉장고에 보관한다.

피넛버터 크렘 파티시에르

우유 300g

바닐라 익스트랙트 1/2티스푼

정제 설탕(매우 고운 것) 50g

달걀 2개

다목적용 밀가루 1테이블스푼

옥수숫가루(옥수수 전분) 1테이블스푼

피넛버터 50g

1 냄비에 우유와 바닐라 익스트랙트를 넣고 끓인다. 끓어오르기 전까지만 끓이고, 막이 생기지 않도록 한다.

2 우유를 데우는 동안 설탕과 노른자를 볼에 담아 연하고 밝은 색이 될 때까지 휘핑한다. 다목적용 밀가루와 옥수숫가루(옥수수 전분)를 넣고 휘핑해서 잘 섞는다.

3 우유가 막 끓어오르려고 할 때 우유를 휘핑한 노른자에 천천히 부으면서 잘 섞이도록 계속 휘핑한다. 이제 노른자와 우유 섞은 것을 다시 냄비에 붓는다. 끓어오르기 전까지 강불에서 계속 저어 가며 끓인다. 끓기 시작하면 피넛버터를 넣는다. 3분간 더 저으며 끓여서 걸쭉한 농도의 크렘 파티시에르가 되도록 한다.

4 불에서 내려 깨끗한 내열 소재의 볼에 붓는다. 크렘 파티시에르의 표면에 랩을 씌워서 막이 생기지 않도록 한다. 식힌 후 사용 전까지 냉장고에 보관한다.

기타

솔티드 캐러멜

크림 250g

정제 설탕(매우 고운 것) 350g

작게 깍둑썰기한 실온의 버터 350g

천일염 8g

1 크림을 작은 냄비에 넣고 끓이다가 끓어오르기 시작하면 바로 불에서 내린다.

2 물기 없이 깨끗한 작은 냄비를 중불에 올린다. 냄비가 달궈지면 약간의 설탕을 조금씩 뿌려 넣고, 녹을 때까지 기다렸다가 약간의 설탕을 또 뿌려 넣는다. 매번 먼저 넣은 설탕이 완전히 녹을 때까지 기다렸다가 설탕을 추가한다. 이 기법을 사용하면 설탕이 녹는 속도와 균질성을 더 쉽게 조절할 수 있다. 설탕이 다 녹고 고르게 캐러멜화되어 짙은 갈색을 띠면 냄비를 불에서 내리고, 천천히 뜨거운 크림을 부어 넣으며 계속 젓는다.

3 캐러멜을 살짝 식힌 뒤 버터를 한 번에 몇 조각씩 넣는다. 버터를 넣고 휘저어 완전히 유화된 뒤 다음 버터를 넣는다. 마지막으로 소금을 넣는다. 볼에 담아 냉장고에 넣는다. 완전히 식으면 짤주머니에 옮겨 담는다.

다크 초콜릿 가나슈

다크 초콜릿 칩 250g

버터 37.5g

글루코스 시럽 18g

농후 크림 175g

1 초콜릿, 버터, 글루코스 시럽을 계량해 작은 내열 소재의 볼에 담는다.

2 작은 냄비에 크림을 넣고 끓어오르기 직전까지 끓인다. 크림은 매우 빨리 끓어오르므로, 계속 확인해야 한다.

3 크림을 초콜릿, 버터, 글루코스 시럽을 담은 볼에 부으면서, 덩어리 없이 부드럽고 광이 나는 밀도가 되도록 휘젓는다.

둘세 데 레체

가당연유 1캔(보통 400g)

천일염 한 꼬집

하루 전에 준비하기

1 가당연유 캔을 큰 냄비에 넣고 캔이 잠기도록 물을 붓는다.
물을 끓이다가 끓어오르면 보글대도록 불을 낮추어 5~6시간 동안 둔다.
캔이 물에 잠겨 있는지 한 번씩 확인한다. 계속 물을 보충해 주어야 하므로, 주전자에 물을 끓여 놓으면 유용하다.

2 몇 시간이 지난 후 집게로 조심스럽게 캔을 꺼내 완전히 식힌다.
연유를 사용해야 하는 날 하루 전에 캔을 끓여 밤에 식히기를 권한다.

3 다음날 캔을 열어 훌륭하게 캐러멜화된 연유를 믹싱볼에 담는다.
소금 한 꼬집을 넣고 덩어리 없이 부드러운 밀도가 되도록 잘 젓는다.

나파주

최고급 살구잼 1병

물 1테이블스푼

럼 1테이블스푼

1　모든 재료를 작은 냄비에 넣고 중불에 올려 끓인다. 체에 걸러 살구 덩어리를 제거한다. 나파주는 식으면 걸쭉해져서 페이스트리 위에 바르기가 어렵기 때문에 따뜻할 때 사용하는 것이 좋다. 바로 사용할 것이 아니라면, 나파주를 미리 만들어서 밀폐 용기에 넣어 냉장고에 보관할 수 있다.

달걀물

1　달걀 1개를 풀어 체에 내린다. 페이스트리 6개에 쓰기에 충분한 양이다. 더 많은 페이스트리를 구울 경우, 필요한 만큼 달걀물을 추가로 준비한다.

시나몬 설탕

정제 설탕(매우 고운 것) 250g

시나몬 가루 1티스푼

1　볼에 모든 재료를 한데 섞고 시나몬 가루가 골고루 퍼지도록 잘 휘젓는다. 페이스트리에 시나몬 설탕을 묻히고 나서 남은 것을 보관하고 싶다면, 체에 걸러 혹시 남아 있을지도 모르는 페이스트리 조각을 제거한다.

딸기 혹은 라즈베리 잼

딸기 혹은 라즈베리(생과 혹은 냉동) 400g

정제 설탕(매우 고운 것) 60g

레몬즙 40g

바닐라 익스트랙트 1티스푼

펙틴 6g

소금 한 꼬집

하루 전에 준비하기

1　모든 재료를 냄비에 넣고 자주 저어주면서 끓인다. 혼합물이 끓어오르면 불을 줄이고 30분간 뭉근히 끓인다. 잼이 바닥에 눌어붙어 타지 않도록 자주 저어 준다.

2　살균한 병 1~2개를 준비해 둔다. 완성된 잼을 병에 옮겨 담는다.

3　잼을 사용해야 하는 날, 잼 150g을 짤주머니에 옮겨 담는다. 나머지는 최대 한 달까지 냉장고에 보관할 수 있다.

감사의 말

가장 먼저, 부모님께. 두 분은 룬의 첫 직원이었고 첫날부터 가장 큰 지지자셨어요. 룬의 첫날이 아니라 제 인생의 첫날부터요. 저에게 해 주시는 모든 것에 대해 감사해요. 저의 모든 성공은 두 분의 성공이기도 합니다.

캠에게. 우리는 힘을 합쳐서 완벽한 크루아상을 만들겠다는 열정을, 상징적이고도 성공적인 룬으로 탈바꿈시켰지. 너는 목표에 대한 변함없는 헌신, 누구보다도 열심히 일할 수 있는 역량, 그리고 힘들고 스트레스가 많은 환경에서도 며칠씩, 몇 주씩, 몇 달씩 묵묵히 견뎌 주는 인내심을 보여 줬어. 그 누구보다 나를 더 많이 웃게 하는 능력도 있지. 넌 내가 시작한 이 말도 안 되는 일을 늘 믿어주었어. 룬을 전적으로 지지해 주었지. 내 손을 잡아 주고, 작은 룬이 엄청난 무언가로 성장할 수 있도록 내가 통제권을 내려놓아야 할 영역에서는 천천히 손을 놓을 수 있도록 도와주었지. 또한 내게 너무나도 많은 것을 가르쳐 줬어. 너만의 스타일을 도입해서 룬에 영원한 자취를 남겼지. 그래서 룬이 온전히 우리의 것이 되도록 말이야. 네가 자랑스러워. 그리고 널 내 동업자일 뿐만 아니라 동생이라고도 부를 수 있다는 건 정말 행운이야. 지난 10년의 단 1초도 바꾸지 않을 거야.

룬에 입사하기도 전에 개발된 레시피를 포함해, 이 모든 레시피를 책으로 엮을 수 있도록 도와준 클로이, 케이티, 미치에게. 사실상 존재하지 않는 기록을 모으는 것이 얼마나 도전적인 일이었을지 너무나 잘 알아요. 여러분은 여러 가지 재료에 대해 끊임없이 질문을 해도 늘 참을성 있게 대답해 주었어요. 왜 그렇게 젤라틴과 관련된 질문을 많이 했을까요? 클로이, 케이티 그리고 첼시, 사진 촬영이 진행되는 오랜 기간 세 사람이 보여 준 엄청난 노력에 감사해요. 덕분에 누가 보아도 깜짝 놀랄 만한 멋진 결과물을 얻을 수 있었어요.

무한한 창의력과 페이스트리를 다루는 탁월한 기술, 그리고 호기심 가득한 자세로, 룬에서 수많은 페이스트리를 만들며 판매대를 빛낸 현재와 과거의 모든 셰프들에게도 감사 인사를 전합니다.

가장 친한 친구 비앙카에게. 매일 안부를 물어 주고, 책을 쓰는 내내 용기를 주고, 또 수많은 레시피 소개글을 참을성 있게 읽어 줘서 고마워.

이 책에 등장한 근사한 의상들을 협찬해 준, 내가 가장 좋아하는 멜버른의 두 옷 가게 핸섬과 썸버디 러브즈 유의 아낌없는 배려에도 감사한 마음을 전합니다. 우리가 여러분을 자랑스럽게 했기를 바랍니다.

이 책을 쓰는 여정을 함께해 준 최고의 크리에이티브 팀에게. 에비, 이 작업을 함께할 수 있었던 것은 정말 행운이었어요. 우리가 공유하는 특별한 세계관이 마법 같은 결과를 만들어 내리라는 것은 처음부터 너무나 명확했어요. 리, 어떤 것이든 스타일링하는 리의 재능 덕분에 냅킨 스타일링에 대해 새롭게 알게 되었어요! 피트, 60개의 페이스트리를 이렇게 아름답고 독특하게 보이게 만드는 피트의 능력은 거의 기적이나 마찬가지예요.

마지막으로 이브에게. 우리는 서로 지구 반대편에 있었지만, 화상 회의로 처음 만난 뒤 이 책을 이브가 아닌 다른 누구와도 만들고 싶지 않다는 걸 알았어요. 무한한 지지와 격려, 전문성, 지도 그리고 신뢰에 감사해요. 나의 가장 든든한 치어리더이자 테스트 베이커가 되어준 것에 대해서도요! 처음엔 나의 편집자였지만, 이제는 소중한 친구입니다.

찾아보기

크루아상

룬 크루아상 레시피북
호주 최고 로컬 베이커리의 베이킹 노하우

초판 발행일 2025년 3월 5일
1판 2쇄 2025년 3월 31일
발행처 현익출판
발행인 현호영
지은이 케이트 리드
옮긴이 이혜주
편 집 이선유
디자인 김혜진
주 소 서울특별시 마포구 월드컵북로58길 10, 더팬빌딩 9층
팩 스 070.8224.4322

ISBN 979-11-93217-99-3

LUNE: Croissants All Day, All Night
by Kate Reid

현익출판은 골드스미스의 일반 단행본 출판 브랜드입니다.
잘못 만든 책은 구입하신 서점에서 바꿔 드립니다.

좋은 아이디어와 제안이 있으시면 출판을 통해 가치를 나누시길 바랍니다.
투고 및 제안: uxreviewkorea@gmail.com